现代艺术设计类"十二五"精品规划教材

环艺手绘表现图技法

主　编　陈帅佐

副主编　杨　淘　赵　一　钱芳兵

中国水利水电出版社
www.waterpub.com.cn

内容提要

手绘表现技法不仅是环艺专业必不可少的课程,与其他专业课之间有着密切的联系,它还是设计师必须掌握的技巧,对设计有莫大的帮助。

本书介绍了水粉、水彩、喷笔、透明水色、马克笔、彩铅等绘画技法以及综合表现技法,在局部表现图以及材质表现技法部分进行了细致讲解,并从室内、室外两部分进行实例分析,讲解分析了50多幅作品。每种技法的应用实例都是从简单到复杂,从局部到综合。语言简练,思路清晰,具有很强的实用性、可操作性和指导性。

本书可作为高校环艺专业综合实训的教材,也可作为相应内容学习的案例教材,还可作为手绘爱好者的参考书。

图书在版编目(CIP)数据

环艺手绘表现图技法 / 陈帅佐主编. -- 北京 : 中
国水利水电出版社, 2012.8(2015.7重印)
现代艺术设计类"十二五"精品规划教材
ISBN 978-7-5084-9996-3

Ⅰ. ①环… Ⅱ. ①陈… Ⅲ. ①建筑画-绘画技法-高
等学校-教材 Ⅳ. ①TU204

中国版本图书馆CIP数据核字(2012)第159396号

策划编辑:陈 洁 责任编辑:陈 洁 加工编辑:冯 玮 封面设计:李 佳

书 名	现代艺术设计类"十二五"精品规划教材 **环艺手绘表现图技法**
作 者	主 编 陈帅佐 副主编 杨 淘 赵 一 钱芳兵
出版发行	中国水利水电出版社 (北京市海淀区玉渊潭南路1号D座 100038) 网 址:www.waterpub.com.cn E-mail:mchannel@263.net(万水) sales@waterpub.com.cn 电 话:(010)68367658(发行部)、82562819(万水)
经 售	北京科水图书销售中心(零售) 电 话:(010)88383994、63202643、68545874 全国各地新华书店和相关出版物销售网点
排 版	北京万水电子信息有限公司
印 刷	联城印刷(北京)有限公司
规 格	210mm×285mm 16开本 12.75印张 344千字
版 次	2012年8月第1版 2015年7月第2次印刷
印 数	3001—5000册
定 价	49.00元

前言

随着社会的发展，物质文化水平不断提高，人们对生活居住空间与环境美的要求也越来越高。

任何舒适优美的室内外空间的创造都取决于设计的成功与否。设计手绘表现图是设计人员从事设计创作的"语言"，也是室内外环境设计方案阶段作为表达与发展设计构思的重要手段，同时又是设计人员说明创作意图、交换施工意见、完成施工任务的直观而生动的依据。

优秀的设计人员应既具有较深的工程技术知识，又具有广博而高深的艺术修养。该学科是横跨工程技术与艺术之间的学科。这就要求设计人员，除了掌握工程技术的科学知识外，还应涉猎中外建筑艺术史、中外绘画史，同时应不断地吸收文学、音乐、电影等姐妹艺术的创作手法及艺术精华，以此不断充实提高自身的艺术修养。

除此之外，设计人员还应不断提高自身的绘画表现技巧，学习素描、色彩、阴影与透视等一系列美术课程，同时还应掌握空间设计规律，学习立体构成、色彩构成等专业基础课程。通过广泛的学习，锻炼空间的想象能力和准确的形象思维能力，从而能完美而准确地表现出设计"语言"。

本书介绍了手绘表现图的工具及使用方法，详细讲解了手绘表现图的形成与绘制，分析了水粉表现技法、水彩表现技法、透明水色表现技法、喷笔表现技法、马克笔表现技法、彩铅表现技法以及综合表现技法。

全书共分9章，相关内容如下：

第1章讲解手绘表现图的概念、特性以及分类。

第2章介绍手绘表现图常用的工具与使用方法。

第3章主要围绕制图与透视原理、造型理论和色彩理论展开介绍。

第4～6章是手绘表现图的技法分项训练，主要从分类技法、材质表达、局部绘画入手。

第7、8章是手绘表现图的实训章节，分成室内手绘表现图和室外手绘表现图两部分进行实训练习。

第9章是手绘表现图的赏析部分，主要是国内、国外的优秀作品以及学生作业的摘选。

本书由陈帅佐担任主编，杨淘、赵一、钱芳兵担任副主编。此外，邱爽、贾琼、赵明、陈帅君、韩向南、赵庆惠也参与了编写工作，全书由陈帅佐统稿完成。由于编者水平有限，书中难免存在不妥之处，敬请广大读者批评指正。

编者

2012 年 6 月

目录

1

理论基础部分

第 1 章　导论

1.1　什么是手绘表现图

　　环艺专业的绘图技法是研究手绘表现图的表现方法，是以手绘表现图为语言媒介，来表达设计思想和方案构思的。设计构思能力对于设计人员来说十分重要，然而设计图的表现能力对于设计人员来说也是必不可少的，有着重要的意义。因为没有一定的设计表现能力，会影响设计构想的表达和说明，在某种程度上影响设计人员的设计能力和设计创造力的发展。所以说一个好的设计人员，应该很好地掌握手绘表现图技法。

1.2　手绘表现图的特性

　　手绘表现图都应遵循四个基本原则：真实性、科学性、艺术性和超前性。正确认识理解它们之间的相互作用与关系，在不同情况下有所侧重地发挥它们的效能，对学习、绘制手绘表现图都是至关重要的。

1．真实性

　　手绘表现图必须符合设计环境的客观真实，不允许有任何主观变形、夸张和失真现象。如空间体量的比例、尺度等，在立体造型、材料质感、灯光色彩、绿化及人物点缀等方面都必须符合设计效果和气氛。

　　手绘表现图与其他图纸相比更具有说明性，而这种说明性就寓于其真实性之中。真实性始终是第一位的，是手绘表现图的生命线，绝不能脱离实际的尺寸而随心所欲的改变空间的限定；或者完全背离客观的设计内容而主观片面地追求画面的某种"艺术趣味"；或者错误地理解设计意图，表现出的气氛效果与原设计相去甚远。

2．科学性

　　为了保证手绘表现图的真实性，避免绘制过程中出现的随意或曲解，必须按照科学的态度对待画面表现上的每一个环节。无论是起稿、作图还是对光影、色彩的处理，都必须遵从透视学和色彩学的基本规律与规范。这种近乎程式化的理性处理过程往往是先苦后甜，草率从事的结果是欲速则不达。

当然也不能把严谨的科学态度看作一成不变的教条，当你熟练地驾驭了这些科学的规律与法则之后就能灵活地而不是死板地、创造性地而不是随意地完成设计最佳的表现图。

科学性既是一种态度也是一种方法。透视与阴影的概念是科学；光与色的变化规律也是科学；空间形态比例的判定、构图的均衡、水分干湿程度的把握、绘图材料与工具的选择和使用等无不含有科学性。手绘表现绘画中十分强调的稳定性也属于科学性的范畴。手绘表现图中经常出现的界面或梁柱歪斜、家具搁放不平、前后空间矛盾等大多是因为没有严格按照透视规律作图或缺少对空间形象变化的准确感受引起的。

3．艺术性

手绘表现图既是一种科学性较强的工程施工图，也能成为一件具有较高艺术品味的绘画艺术作品。有些人还把手绘表现图当作室内装饰悬挂或陈列起来，这都充分显示了一幅精彩的手绘表现图所具有的艺术魅力。这种艺术魅力必须建立在真实性和科学性的基础之上，也必须建立在造型艺术严格的基本功训练的基础之上。

绘画方面的素描、色彩训练，构图知识，质感、光感的表现，空间气氛的构造，点、线、面构成规律的运用，视觉图形的感受等方法与技巧大大地增强表现图的艺术感染力。在真实的前提下合理地适度夸张、概括与取舍也是必要的。罗列所有的细节只能给人以繁杂，不分主次的面面俱到只能给人以平淡。选择最佳的表现角度、最佳的色光配置、最佳的环境气氛，本身就是一种在真实基础上的艺术创造，也是设计自身的进一步深化。

一幅手绘表现图艺术性的强弱，取决于画者本人的艺术素养与气质。不同手法、技巧与风格的表现图，充分展示作者的个性，每个画者都以自己的灵性、感受去认读所有的设计图纸，然后用自己的艺术语言去阐释、表现设计的效果，这就使一般性、程式化并有所制约的设计施工图赋予了感人的艺术魅力，才使效果表现图变得那么五彩纷呈、美不胜收。

4．超前性

手绘表现图表现的是现实中本来不存在的东西，是设计人员创造构思设计出的理想实物形态，不可能先实施设计内容后进行绘画，那样就失去了手绘表现图的意义。在学习手绘表现图时，可以通过对已经存在的空间环境进行写生，来培养观察和分析对象的能力，在逐步感受敏锐、深刻的同时，加强绘画技巧，提高表现能力，为设计创造打下良好基础。

1.3　手绘表现图的分类

手绘表现图种类很多，按技法可以分为：针管笔与钢笔手绘表现图、水彩手绘表现图、马克笔手绘表现图、铅笔手绘表现图、水粉手绘表现图、透明水色手绘表现图、喷笔手绘表现图、色粉笔手绘表现图以及综合手绘表现图。按用途可以分为：设计草图、方案表现图和创意写实绘画三类。按功能空间可以分为：室内设计手绘表现图、室外建筑手绘表现图、园林景观手绘表现图以及城市规划手绘表现图等。下面介绍从技法上进行分类的表现图。

1.3.1　针管笔与钢笔手绘表现图

针管笔、钢笔都是画线的理想工具，发挥各种形状的笔尖的特点，可以达到类似中国传统的白描画的某些效果，画风严谨、细腻、单纯、雅致，也常作为彩铅笔、马克笔画或淡彩画的轮廓描绘，如图1-1所示。

图 1-1　针管笔、钢笔手绘表现图

1.3.2　水粉与水彩手绘表现图

1. 水粉手绘表现图

水粉手绘表现图，以水粉颜料绘画为主，表现力强，使用简捷，表现范围广。用水粉可以充分地表现空间感、光感、质感。既可以厚画覆盖，又可以薄画透明；既可以画得很细腻，又可以画得很粗犷概括；既可以画得深厚实在，又可以画得较明快流畅；既可以有油画一样的塑造力，又可以创造水彩一样的湿画法。如图 1-2 所示。

2. 水彩手绘表现图

水彩手绘表现图，以水彩颜料绘画为主。技法丰富，画面淡雅，色彩明快，具有较强的表现力。作画方便快捷，有透明感，特别是湿画法具有色彩淋漓，变幻莫测的效果。水彩画兼容了水粉和透明水色的一些特点，既可以像水粉一样的干画，也可以像透明水色一样的画出透明感，它可以避免水粉易犯的粉气和匠气病，但必须经过一段时间的练习和掌握才能把握好水彩的特性，运用起来才会得心应手，因为它不能像水粉一样可以反复修改。如图 1-3 所示。

图 1-2　水粉手绘表现图

图 1-3　水彩手绘表现图

1.3.3　透明水色手绘表现图

透明水色手绘表现图，是以透明水色颜料绘画为主，其特点是色彩高度透明，亮丽而鲜艳，其颜色能在很短的时间内被水溶解，作画速度快。如图 1-4 所示。

图 1-4　透明水色手绘表现图

1.3.4　色粉笔手绘表现图

色粉笔手绘表现图，是以色粉笔绘画为主，其特点是色彩丰富、粉质细腻、色彩淡雅、对比柔和。在表现退晕和局部灯光处理方面尤为擅长。色粉笔不足之处是缺少深色，可以配合木炭铅笔或马克笔作画，尤其是以深灰色色纸为基调，更能显现出粉彩的魅力。如图 1-5 所示。

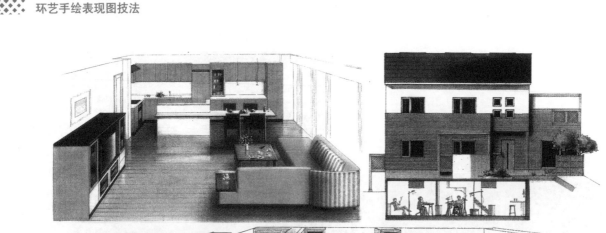

图 1-5　色粉笔手绘表现图

1.3.5　喷笔手绘表现图

喷笔手绘表现图是随着对设计表现图要求的提高，画面越来越细致真实而产生的。采用喷绘结合笔绘的方式画出较深入细致真实的作品。喷绘的重要工具和技术之一就是模板。模板遮挡技术，是防止相临区域喷色时互相重合干扰或渗入，无论怎样精细的喷笔，或多高的技术，都不可能不用任何模板而喷绘出明显界线的色块形象。模板在使用时根据需要用刀子或剪子制成形体，除封纸胶带可直接贴在画面上外，其他模板都需用重物压好，以免喷色时被气流吹错位，有时根据需要，可将较硬的模板拿在手中灵活的运用，喷出复杂多变的效果。如图 1-6 所示。

图 1-6　喷笔手绘表现图

1.3.6　马克笔手绘表现图

马克笔是一种较现代的绘图工具，具有使用和携带方便、作画速度快、色彩透明鲜艳等特点，但它不适合作较长期深入的表现图。马克笔画出的表现图更多用于快速表现、方案比较以及现场出图等。

马克毛的笔头有斜方型和圆型两种，可画出各种线和面。马克笔颜料挥发性很强，所以用后应及时封盖。马克笔的颜色种类很多，分色细致，可达百余种，可以绘制出不同的画面效果。在绘制马克笔表现图时最好使用专用绘图纸，纸面的吸水能力要适中，绘制草图方案时，也可用打印纸和透明硫酸纸代替。马克笔可以与其他颜色相互配合使用，如透明水色、水彩、彩铅等。如图 1-7 所示。

图 1-7　马克笔手绘表现图

1.3.7　铅笔手绘表现图

1．铅笔

在绘画中，铅笔是一种接触最早、使用最普遍的工具，其绘画技法大家都熟悉。铅笔最大的特点是灵活方便，时间、速度由人，短时间可以画得潇洒自如，长时间可以画得细腻而耐人寻味。铅笔线条分徒手线和工具线两类。徒手线生动，用力微妙，可表现复杂、柔软的物体，工具线规则、单纯，宜表现大的块面和平整、光滑的物体。如图 1-8 所示。

2．彩色铅笔

彩色铅笔是当今手绘表现图快速表现常用的工具之一。它是在墨线稿的基础上直接上色，用法与普通素描铅笔一样。彩色铅笔的颜色较淡，且大多数颜色的饱和度都不高，即使是水溶性彩色铅笔经水溶上色后，色彩变化也不如水彩或水粉丰富。用线条涂成的色块往往看起来比较粗糙，不够细腻。因此，彩色铅笔作为一种快速表现的工具，不适合单独为较大的画幅着色，大多数与马克笔及水彩等工具材料配合使用，可弥补马克笔笔触单一的缺点，并且可以自然地衔接马克笔笔触之间的空白，起到完善和丰富画面的作用。如图 1-9 所示。

图 1-8　铅笔手绘表现图

图 1-9　彩色铅笔手绘表现图

1.3.8 综合手绘表现图

很多手绘表现图并不是用单一的一种绘画方式来表达，更多的是运用多种绘画技法，充分发挥各种绘画的特点，扬长避短的综合绘画技法能画出较深入完整的优秀手绘表现图。综合手绘表现图可以是两种绘画的结合，也可以是多种绘画的结合，如水彩与水粉、透明水色和马克笔、喷笔与水粉、马克笔与彩色铅笔、马克笔、色粉笔与油画棒等。

1. 钢笔淡彩综合表现图

钢笔淡彩综合表现图是在白版纸或钢版纸上直接用钢笔起稿，纸面光滑，钢笔线细密而光滑，用笔要求准确而疏畅，然后淡淡地罩一层水色即可。此种方法简单快捷，画面效果轻松活泼，是一种做方案较理想的表现方法。如图 1-10 所示。

2. 马克笔彩铅综合表现图

马克笔彩铅综合表现图是马克笔技法与彩色铅笔技法一起使用绘制出的表现图。马克笔的颜色艳丽，但由于笔头的局限性，画面还不够细致；彩色铅笔颜色较灰，画面效果不鲜明。两种技法结合在一起正好相互弥补了不足。如图 1-11 所示。

图 1-10　钢笔淡彩综合表现图

图 1-11　马克笔彩铅综合表现图

3. 电脑综合表现图

电脑综合表现图是把手绘图稿输入到电脑里进行处理的一种综合表现技法。电脑对图片的控制完全通过数字化处理。当一幅图片被输入到电脑中后，它实际上就是以数字的形式存在了。画面上的每一像素点都被赋予一个特定的数值，当修改画面时，实际上也就是对画面中的每一数值做出相应的改变。电脑对图片的某些修饰方法就是用特定的程序对图像中每一像素的值进行诸如加、减、乘等数理逻辑运算，并将运算的结果重新定义为色彩的过程。伴随着 Photoshop、Illustrator、Coreldraw、Painter 等软件的开发，电脑图像得到飞速的发展，CG（computer graph）已经成为我们熟知的电脑图像代名词，如图 1-12 所示。

图 1-12　电脑手绘表现图

4．其他综合表现图

其他综合表现图如图 1-13 和图 1-14 所示。

图 1-13　钢笔彩铅综合表现图

图 1-14　钢笔、水彩、马克笔综合表现图

1.4 典型实例分析

随着电脑绘图软件的开发与应用，手绘表现图曾一度被淡忘，随着时间的推移被重新认识并重视起来。设计是离不开手绘表现图的，设计草图、方案需要它，设计讨论、分析需要它，设计展示、讲解也需要它。手绘表现图有着电脑绘图软件不能达到的优点，首先是瞬间记录的功能，思想中的闪光点能够被快速地捕捉并记录下来，如图 1-15 所示；其次是便携性，在生活或活动中遇见的事物，能够以速写的形式随时随地记录，如图 1-16 所示；第三是唯一性，手绘表现图每张画都是唯一的，即使是临摹，也没有百分百的相同，如图 1-17 所示；第四是快速性，手绘表现图可以在很短的时间内完成，也可以在很短的时间内绘制出多张方案，进行选择、比较的空间很大。

手绘表现图是可以与电脑相结合的，也就是用手绘板直接在电脑上绘图，但在速度方面，还是与直接手绘有差别。

图 1-15 设计草图

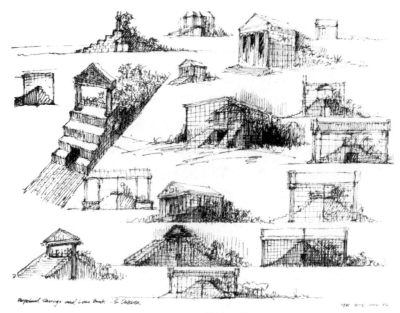

图 1-16　设计记录

图 1-17　表现图唯一性

1.5　思考与练习

1．手绘表现图有哪些特性？

2．水粉表现图与水彩表现图的区别有哪些？

3．彩色铅笔有哪些特性？

4．喷笔有哪些特性？

5．综合技法表现图中电脑合成表现图绘制方式是什么？

第2章 手绘表现图常用工具及使用方法

2.1 手绘表现图常用纸张及使用方法

2.1.1 素描纸与绘图纸

1. 素描纸

纸质较好、表面略粗、易画铅笔线、耐擦、稍吸水，宜作较深入的素描练习和彩铅笔表现图。

2. 绘图纸

纸质较厚，结实耐擦，表面较光。不适宜水彩，可适宜水粉，用于钢笔淡彩及马克笔、彩铅笔、喷笔作画。可以用刀片局部刮除，修改画错的线条。

2.1.2 水粉纸与水彩纸

1. 水粉纸

吸水性能好，较水彩纸薄，纸面略粗、吸色稳定、不宜多擦。水粉纸的表面有原点形的坑点，原点凹下去的一面是正面，常用于绘制水粉手绘表现图。如图2-1和图2-2所示。

图2-1 水粉纸

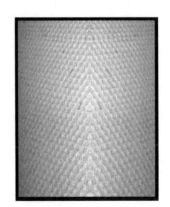

图2-2 水粉纸纹理

2. 水彩纸

磅数较厚、吸水性比较好，纸面的纤维较强壮，不易因重复涂抹而破裂、起毛球，常用于绘制水彩或水粉手绘表现图。水彩纸依照纤维来分，有棉质和麻质两种基本纤维。依照表面来分，则有粗面、细面、滑面几种。依照制造来分，又可分为手工纸和机器制造纸，其中手工纸最为昂贵。如图2-3和图2-4所示。

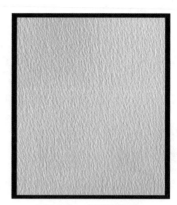

图 2-3　水彩纸　　　　　　　　　　　　　　　图 2-4　水彩纸纹理

在选择纸张时，如果要画细致的主题，一般会选用麻质的厚纸。这种水彩纸也往往是精密水彩插画的用纸。此外，如果要表达淋漓流动的主题，要用到水彩技法中的重叠法时，一般会选用棉质纸，因为棉吸水快，干得也快，唯一缺点是时间久了会退色。

3．水粉纸与水彩纸的使用方法

对于环境艺术设计专业的手绘表现图来说，用水粉纸或者水彩纸作画的时候要进行裱纸，这两种纸张吸水能力较强，遇到水会使纸张褶皱，不利于进一步的绘画，影响效果，因此需要把水粉纸或水彩纸裱在画板上进行绘画。裱纸的方法有湿法裱纸和干法裱纸两种。湿法裱纸比干法裱纸麻烦，所花的时间也较长，但它比干法裱纸吸收更多的水分，且能使裱出的纸保持平整。

（1）湿法裱纸，如图2-5所示。

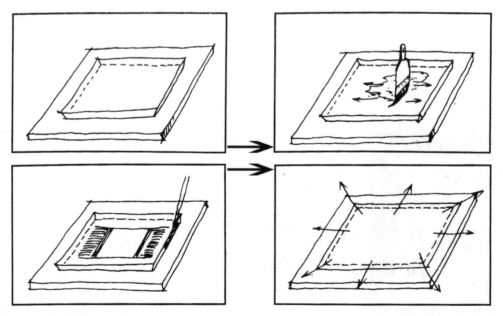

图 2-5　湿法裱纸

①用板刷将纸的两面湿润，让其正面向上。

②用板刷将纸张下面的空气赶出。

③将湿毛巾平铺在纸张的正面，把纸的四边折起（2cm 以内），用干毛巾吸干折起部分的水分，

涂上糨糊（或胶）。

④用湿毛巾将折起部分压紧，同时再向外用力，以达到将纸绷紧的目的。待纸干后即可使用。

（2）干法裱纸，如图 2-6 所示。

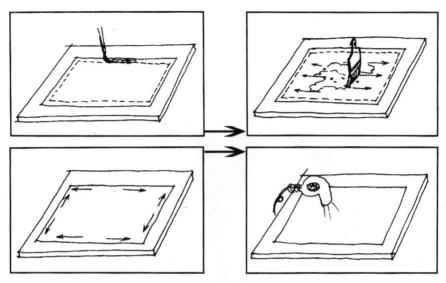

图 2-6　干法裱纸

①先将纸的四边折起，再用板刷将纸的正面湿润。

②将折起的四边涂上糨糊。

③用湿毛巾将四边压紧。

④可用电吹风将纸张吹干或让其自然干燥。

2.1.3　马克笔专用纸

马克笔专用纸，是针对马克笔的特性而设计的绘画用纸，多为进口，纸质厚实。它的特点是纸张的两面均较光滑，都可以用来上色，纸质细腻，对马克笔的色彩还原较好。常见规格为 120g，或单张或装订成轴、成册。如图 2-7 所示。

图 2-7　马克笔专用纸

2.1.4 拷贝纸与硫酸纸

1. 拷贝纸

拷贝纸也称雪梨纸、防潮纸，是一种生产难度较高的文化工业用纸，有较高的物理强度，优良的均匀度，一般为纯白色。拷贝纸的透明度较高，可以数张，甚至十几张纸重叠在一起透图。

2. 硫酸纸

硫酸纸又称制版硫酸转印纸、描图纸，由细微的植物纤维制成，呈半透明状。有纸质纯净、强度高、透明好、不变形、耐晒、耐高温、抗老化等优点，广泛适用于手工描绘。硫酸纸较为干燥，吸湿后变形较大。如图 2-8 所示。

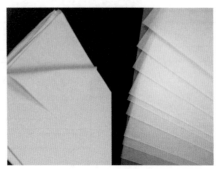

图 2-8　拷贝纸与硫酸纸

拷贝纸与硫酸纸常用于水粉、水彩等手绘表现图的草图拷贝上，也可用于绘制设计初稿，再用马克笔着色，纸张遇水收缩起皱。

3. 拷贝纸与硫酸纸的使用方法

为了保证透视效果图画面的清洁（尤其是透明水色与水彩），一般在绘制前都要在描图纸或拷贝纸上绘制透视底稿，然后再将底稿描拓拷贝到正图上。为了校正的方便，底稿最好能粘在图板的上方，特别是水粉技法。

2.1.5 打印纸

打印纸，是打印文件以及复印文件所用的一种纸张。过去是以多少"开"来表示纸张的大小，例如 8 开或 16 开等，现在则是采用国际标准，以 A0、A1、A2、B1、B2、A4、A5 等标记来表示纸张的幅面规格，如表 2-1 所示。打印纸纸张有不同的厚度，如 60g、70g、75g、80g、85g、90g、100g、120g 等。打印纸最常见的是白色纸张，除此之外，还有彩色打印纸，用于绘制特殊场景，方便快捷。如图 2-9 所示。

图 2-9　彩色打印纸

表 2-1　纸张尺寸　　　　　　　　　　　　　　　　　　　　　　单位（mm）

A 组		B 组		C 组	
A0	841×1189	B0	1000×1414	C0	917×1297
A1	594×841	B1	707×1000	C1	648×917
A2	420×594	B2	500×707	C2	458×648
A3	297×420	B3	353×500	C3	324×458
A4	210×297	B4	250×353	C4	229×324
A5	148×210	B5	176×250	C5	162×229
A6	105×148	B6	125×176	C6	114×162
A7	74×105	B7	88×125	C7	81×114
A8	52×74	B8	62×88	C8	57×81
A9	37×52	B9	44×62	DL	110×220
A10	26×37	B10	31×44	C7/6	81×162

打印纸的优点在于它的价格低廉和携带方便，既可以直接置于桌上绘画，也可以用画夹夹住，随时随地即兴绘画。打印纸有一定的吸水性能，可以用于铅笔、钢笔、针管笔、彩色铅笔、马克笔等的绘制，用马克笔绘制时，要选择较厚的打印纸，并在纸下垫纸板，以防渗透纸面。打印纸不能用于含水分较大的绘画上，如水粉、水彩、透明水色等的绘制，会使水分堆积在纸面，使纸张变软、破损。

2.1.6　牛皮纸与卡纸

1．牛皮纸

牛皮纸多为工业用纸，具有很高的拉力，有单光、双光、条纹、无纹等，通常呈黄褐色。半漂或全漂的牛皮纸浆呈淡褐色、奶油色或白色。牛皮纸的特点是柔韧结实，耐破度高。常用于速写、草图绘画，着色可用彩色铅笔、马克笔、色粉笔等。

2．卡纸

卡纸是介于纸和纸板之间的一类厚纸的总称。白卡纸通常采用 100% 的漂白木浆为原料制成，纸面较细致平滑，坚挺耐磨。有正反面之分，也有双面光滑的。一般正面为光滑的白色，不吸水，背面为亚光灰色，较吸水；彩色卡纸，是由白卡纸的浆料进行染色得到的各种色泽的卡纸。可用于特殊效果绘制，吸水的卡纸可着色，有意想不到的效果。如图 2-10 所示。

图 2-10　卡纸、彩色卡纸与皮纹纸

皮纹纸属于卡纸的一种，纸面上有纹理，分纯木浆的和杂浆的，纯木浆造出来的颜色比较正，纸质比较挺括，而且比较细腻，纹理清晰；杂浆造出来的纸颜色暗淡，色彩不均匀，纸质松软，看起来粗糙。皮纹纸的纹理比较深，表面凹凸不平，可用于特殊手绘表现图，纸面的纹理结合绘画合理利用，可以表现出物体的质感。如图2-10所示。

3．牛皮纸与卡纸的使用方法

牛皮纸可以直接使用，较薄的卡纸可以裱在画板上绘画。

2.2 手绘表现图常用绘图笔及使用方法

人的尺度就是衡量家具尺度的最好标志。如人体站姿时的伸手最大的活动范围，坐姿时的小腿高度和大腿的长度及上身的活动范围，睡姿时的人体宽度、长度及翻身的范围等都与家具尺寸有着密切的关系。因此学习家具设计，必须首先了解人体固有的基本尺度。

2.2.1 铅笔与自动铅笔

铅笔，其芯以石墨为主要原料。石墨铅芯的硬度标志，一般用"H"表示硬质铅笔，"B"表示软质铅笔，"HB"表示软硬适中的铅笔，"F"表示硬度在HB和H之间的铅笔。石墨铅笔分6B、5B、4B、3B、2B、B、HB、F、H、2H、3H、4H、5H、6H、7H、8H、9H、10H等18个硬度等级，字母前面的数字越大，分别表明越硬或越软。此外还有7B、8B、9B三个等级的软质铅笔，以满足绘画等特殊需要。

自动铅笔，即不用卷削，能自动或半自动出芯的铅笔。木制铅笔为了维持书写顺利，需要时常卷削，自动铅笔弥补了这一点。自动铅笔按铅笔芯直径大小分为粗芯（大于0.9mm）和细芯（小于0.9mm）。按出芯方式，可分为坠芯式、旋转式、脉动式和自动补偿式四种。

2.2.2 钢笔与针管笔

钢笔，是一种主要以金属当做笔身的笔类书写工具，透过中空的笔管盛装墨水，通过重力和毛细管作用，经由鸭嘴式的笔头书写，写时轻重有别，大部分钢笔的墨水可再填充。有专门用于绘画的钢笔，如弯尖的速写钢笔，绘制草图的专用钢笔等。如图2-11所示。

图2-11　钢笔

针管笔，又称绘图墨水笔，是专门用于绘制墨线线条图的工具，可画出精确且具有相同宽度的线条。针管笔的针管管径的大小决定所绘线条的宽窄。针管笔有不同粗细，其针管管径从0.1～2.0mm，笔身是钢笔状，笔头为长约 2cm 中空钢制圆环，里面藏着一条活动的细钢针，上下摆动针管笔，能及时清除堵塞笔头的纸纤维。在设计绘图中至少要备有细、中、粗三种不同粗细的针管笔。

还有一种一次性针管笔，又称草图笔，笔尖端处是尼龙棒而不是钢针，晃动里面没有重锤作响。使用的时候要注意，不能太用力，否则笔尖会压到笔管里，不能再使用了。如图 2-12 所示。

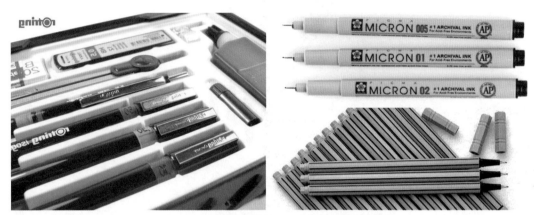

图 2-12　吸水式针管笔、一次性针管笔与勾线笔

针管笔使用方法：

（1）绘制线条时，针管笔身应尽量保持与纸面垂直，以保证画出粗细均匀一致的线条。

（2）针管笔作图顺序应依照先上后下、先左后右、先曲后直、先细后粗的原则，运笔速度及用力应均匀、平稳。

（3）用较粗的针管笔作图时，落笔及收笔均不应有停顿。

（4）针管笔除用来作直线段外，还可以借助圆规的附件和圆规连接起来作圆周线或圆弧线。

（5）平时宜正确使用和保养针管笔，以保证针管笔有良好的工作状态及较长的使用寿命。针管笔在不使用时应随时套上笔帽，以免针尖墨水干结，并应定时清洗针管笔，以保持用笔流畅。

2.2.3　尼龙笔与毛笔

尼龙笔，用极细的尼龙纤维做成的笔。弹性强、耐摩擦，对颜料的吸收力较差。比较适合水性涂料。平时保管放置时，注意要横放。尼龙笔笔毛有散头的、平头的和尖头的三种。平头和散头尼龙笔在手绘表现图中常用于水粉纸和水彩纸上，用水粉、水彩和透明水色绘画，排线整齐，画面干净利落；尖头尼龙笔可以用于勾边、描线或点高光。尼龙笔可以徒手直接绘画或结合界尺（槽尺）使用。如图 2-13 所示。

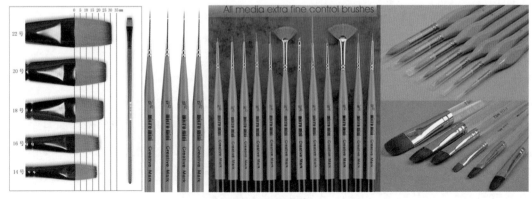

图 2-13　尼龙笔

毛笔，是一种源于中国的传统书写、绘画工具。毛笔的分类主要依据尺寸，还有依据笔毛的种类、来源、形状等来分。如图 2-14 所示。

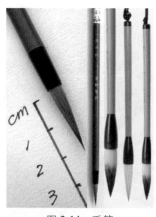

图 2-14　毛笔

（1）按笔头原料可分为：胎毛笔、狼毛笔（狼毫，即黄鼠狼毛）、兔肩紫毫笔（紫毫）、鹿毛笔、鸡毛笔、鸭毛笔、羊毛笔、猪毛笔（猪鬃笔）、鼠毛笔（鼠须笔）、虎毛笔、黄牛耳毫笔、石獾毫等，以兔毫、羊毫、狼毫为佳。

（2）依常用尺寸可以简单的分为：小楷、中楷、大楷。更大的有屏笔、联笔、斗笔、植笔等。

（3）依笔毛弹性强弱可分为：软毫、硬毫、兼毫等。

（4）按用途可分为：写字毛笔、书画毛笔两类。

（5）依形状可分为：圆毫、尖毫等。

（6）依笔锋的长短可分为：长锋、中锋、短锋。

毛笔在手绘表现图中常用于湿画法中的润染，小号毛笔还可以用于点提高光。

2.2.4　水粉笔与水彩笔

1．水粉笔

用于画水粉画的一种重要使用工具，笔杆多为木、塑料及有机玻璃制成，笔头多为羊毛和化纤制成。羊毫笔较软，多为白色，适合薄画和湿画法。化纤笔较硬，各种颜色都有，但多为棕色，适合干画和厚画法。水粉笔按笔头的大小一般分为 12 种型号，由小到大分别为 1# ～ 12#，还有特殊型号。

2．水彩笔

羊毛毫为主，毛层厚而柔软，蓄水、蓄色量大，运笔流畅，在绘制不同面积时采用不同型号的笔，既可以大面积渲染，也可以小面积分别渲染。

2.2.5　马克笔与彩色铅笔

1．马克笔

马克笔又称麦克笔，通常用来快速表达设计构思，以及设计效果图之用。有单头和双头之分，能迅速地表达效果，是当前最主要的绘图工具之一。马克笔分为油性、水性、酒精性。如图 2-15 所示。

（1）油性马克笔，特点是快干、耐水、而且耐光性相当好，颜色多次叠加不会伤纸，柔和。

（2）水性马克笔，特点是颜色亮丽有透明感，但多次叠加颜色后会变灰，而且容易损伤纸面。还有，用沾水的笔在上面涂抹的话，效果与水彩很类似，有些水性马克笔干后会耐水。

图 2-15　马克笔

　　（3）酒精性马克笔，特点是可在任何光滑表面书写，速干、防水、环保，可用于绘图、书写、记号、POP 广告等。

　　马克笔在手绘表现图中常用于快速表现绘画中，在草图，设计初稿中经常使用。马克笔不适合细腻、写实的绘画，不能用在吸水性太强的纸张上。

　　2．彩色铅笔

　　彩色铅笔是一种非常容易掌握的涂色工具，类似于铅笔。颜色多种多样，画出来效果较淡，清新简单，大多可用橡皮擦去。彩色铅笔分为两种，一种是可溶性彩色铅笔（可溶于水），另一种是不可溶性彩色铅笔（不能溶于水）。如图 2-16 所示。

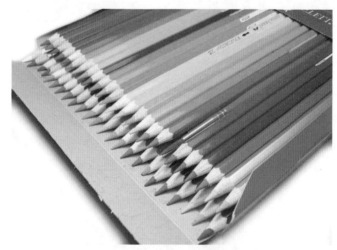

图 2-16　彩色铅笔

　　（1）不溶性彩色铅笔，可分为干性和油性，我们一般市面上买的大部分都是不溶性彩色铅笔。

　　（2）可溶性彩色铅笔，又叫水彩色铅笔，在没有蘸水前和不溶性彩色铅笔的效果是一样的。可是在蘸上水之后就会变成像水彩一样，颜色非常鲜艳亮丽，十分漂亮，而且色彩很柔和。

　　彩色铅笔的笔芯是由含色素的染料固定成笔芯形状的蜡质接着剂（媒介物）做成，媒介物含量越多笔芯就越硬。制图时用硬质彩色铅笔，笔芯即使削长、削尖也不易断；软质铅笔如果削得太长则有断芯的危险。

　　彩色铅笔在手绘表现图中可以用于独立作画，也可作为综合绘画的辅助工具，如马克笔与彩色铅笔混合使用绘画。

2.2.6 色粉笔与油画棒

1. 色粉笔

色粉笔又叫软色粉，是一种用颜料粉末制成的干粉笔。一般为 8 ~ 10cm 长的圆棒或方棒，也有价格昂贵的木皮色粉笔。色粉笔的特点是粉质细腻、使用方便、易于修改，它的笔头较大，勾出的线较粗，不事宜表现大而复杂的画面，经常被用来表现一种总体性的感觉。

色粉笔在手绘表现图中除用做色彩绘画外，更多的用于小面积渲染和过渡，如地面倒影、天花板、局部灯光效果等，还可用于有色纸的素描提高光上。色粉笔具有覆盖透明色和色彩混合的能力，可以与粗质纸面结合，画完后要用固定剂喷罩画面，以便保存，如图 2-17 所示。

图 2-17　色粉笔

2. 油画棒

油画棒是一种油性彩色绘画工具，一般为长 10cm 左右的圆柱形或棱柱形。油画棒手感细腻、滑爽、铺展性好、叠色、混色性能优异。最为突出的是超细增厚涂层材料，使涂层更有质感。油画棒种类繁多，品牌有国产的、进口的；颜色上有 12 色、16 色、25 色、50 色；型号上有普及型、中粗型等。油画棒不能置于阳光或者高温环境下，在温度高的环境下容易软化。油画棒也不能放在易燃物品旁。如图 2-18 所示。

图 2-18　油画棒

2.2.7　喷笔

喷笔，是一种精密仪器，能制造出十分细致的线条和柔软渐变的效果。与上色笔相比，喷笔能够更均匀地喷涂涂料，更好地控制涂料的厚薄以表现色彩轻重、明暗等细微差别，易于大面积喷色而不产生色差；与彩色喷罐相比，不再是单调的一种色彩，可以自由地根据自己的喜好和需要，任意调和出各种色彩，完全不受拘束。一般来说，凡是颜料溶剂调和后，颗粒比较小，均可作为喷画用的颜料。如图 2-19 所示。

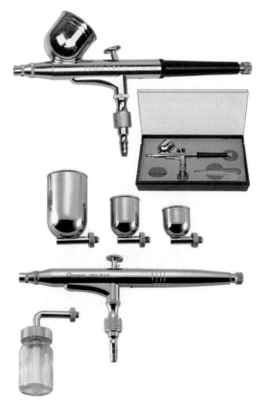

图 2-19　喷笔

喷笔的种类很多，有国产的、进口的，通常可以根据喷嘴的口径大小加以分类：0.25mm 的喷笔，适合小面积和细部的喷洒；0.3mm 的喷笔，适用于水性的作画颜料，绘制大型作品；0.4mm 以上的喷笔，此类喷笔俗称喷枪，适用于油性涂料，进行大面积的喷涂，或喷漆、蜡、涂料等粗犷的喷洒。

喷笔使用时需要与空气压缩机相结合，空气压缩机是制造压缩空气的机械装置，型号多，功率大小不一。目前市场上可供选择的国产或进口的品种繁多，通常是附有压缩空气的贮气罐。作为喷绘使用的气源，有贮气罐或者采用没有贮气罐而直接供气的压缩机均可选用。个人使用挑选压缩机的原则是：可使用 220V 家用电源，机械体积较小，操作和移动方便，机械传动的震动噪音小，经长时间喷绘使用，能保持持续稳定的压力为佳。

喷绘时空气压力的大小对画面效果影响很大。压力低，所喷色彩点子粗；压力时常波动会使画面变得斑驳不匀，细小部分根本无法喷洒。因此，一般选择有较大贮气罐的压缩机为佳。小压缩机因贮气罐小或直接供气，气泵经常启动，容易造成气压不稳定，影响喷洒效果。大气缸压缩机一般体积大，噪音大，不便于携带，小压缩机比较轻便，噪音小。总之，要看喷绘的作品来加以选择，小压缩机也不是一概不可选用。

与画纸有一定距离喷涂，注意掌握节奏，避免喷得过死，不透气。

2.3 手绘表现图常用尺子及使用方法

2.3.1 丁字尺与一字尺

1. 丁字尺

丁字尺又称 T 形尺，为一端有横档的"丁"字形直尺，由互相垂直的尺头和尺身构成，一般采用透明有机玻璃制作，常在工程设计上绘制图纸时配合绘图板使用。丁字尺为画水平线和配合三角板作图的工具，一般可直接用于画平行线或用作三角板的支承物来画与直尺成各种角度的直线。丁字尺多用木料或塑料制成，一般有 600mm、900mm、1200mm 三种规格。丁字尺的使用方法如图 2-20 所示。

（1）应将丁字尺尺头放在图板的左侧，并与边缘紧贴，可上下滑动使用。

（2）只能在丁字尺尺身上侧画线，画水平线必须自左至右。

（3）画同一张图纸时，丁字尺尺头不得在图板的其他各边滑动，也不能来画垂直线。

（4）过长的斜线可用丁字尺来画，较长的直平行线组也可用具有可调节尺头的丁字尺来作图。

（5）应保持工作边平直、刻度清晰准确、尺头与尺身连接牢固，不能用工作边来裁切图纸。

（6）丁字尺放置时宜悬挂，以保证丁字尺尺身的平直。

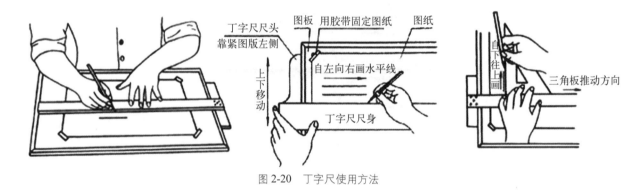

图 2-20 丁字尺使用方法

2. 一字尺

一字尺就是一根直尺，在两端有滑轮，用线缠绕滑轮固定在绘图板的两侧，四端的线用螺丝钉或图钉固定住。一字尺的使用方法与丁字尺相同，上下滑动，绘制出平行线，也可用三角板辅助绘图。如图 2-21 所示。

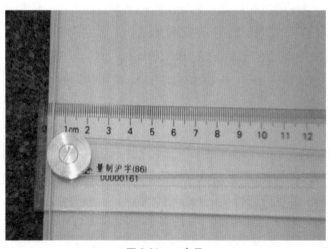

图 2-21 一字尺

2.3.2　三角板

三角板，由两个特殊的直角三角形组成。一个是等腰直角三角板，另一个是特殊角的直角三角板。等腰直角三角板的两个锐角都是 45°，特殊角的直角三角板的锐角分别是 30° 和 60°。使用三角板可以方便地画出 15° 的整倍数的角，如 135°、120°、150°、75°、105° 的角。三角板可以与丁字尺，一字尺相互配合使用。

2.3.3　云尺

云尺，又称云形尺、云规、曲线板，是一种内外均为曲线边缘，呈旋涡形的薄板。用来绘制曲率半径不同的非圆自由曲线，如图 2-22 所示。云尺一般采用木料、胶木或赛璐珞制成，大小不一，无正反面之分，没有刻度。手绘制图时，云尺主要用于连接同一弧线上的已知点，使用方法如下：

1. 找云规线

将云尺平放于纸面上，用云尺的弧线去试已知点，看已知点是否都在云尺的弧线上；若不在，则换一段弧线继续试，直到找到与已知点相合的弧线时，用手固定云尺不动。

2. 绘制云规线

将铅笔垂直于纸面，并紧贴云尺沿着上一步找到的弧线画线，直到连接完已知点为止。

图 2-22　云尺

2.3.4　槽尺

槽尺，又称为界尺，是颜料画线不可缺少的工具。界尺的形式分为台阶式和凹槽式两类。台阶式是把两把尺或两根边缘挺直的木条或有机玻璃条错开边缘粘在一起即可；凹槽式是在有机玻璃或木条边开出宽约 4 mm 的弧形凹槽。

1. 槽尺的使用方法

只要准确得当地使用槽尺画法技巧，线条就会画得平直挺拔。如图 2-23 所示。

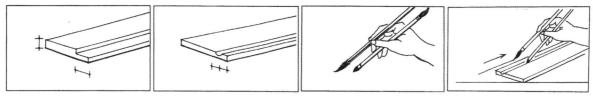

图 2-23　槽尺的使用方法

2. 握笔的姿势

右手握两支笔，一支为衣纹或叶筋笔，沾颜料，笔头向下；另一支笔头向上，笔杆向下，端部抵在槽尺槽上。

3. 运笔的要领

左手按尺,右手的拇指、食指、中指控制画笔,距尺约 6 ～ 10 mm 处落笔于纸面。中指、无名指与拇指夹住两支笔杆由左向右均匀用力,沿界尺移动,即可画出细而均匀的线条。

2.3.5 蛇尺

蛇尺,又称蛇形尺、自由曲线尺,是一种在可塑性很强的材料(一般为软橡胶)中间加进柔性金属芯条制成的软体尺,双面尺身,有点像加厚的皮尺、软尺,可自由摆成各种弧线形状,并能固定住。如图 2-24 所示。一般用于绘制非圆自由曲线。

图 2-24　蛇尺

蛇尺的使用方法:当画曲线时,先定出其上足够数量的点,将蛇尺扭曲,令它串连不同位置的点,紧按后便可用笔沿蛇尺圆滑地画出曲线。除蛇尺外,绘制此类曲线时还可以采用曲线板。另外蛇尺在曲线边缘标有刻度,也可用于测量弧线长度,但由于其精度不高,并且分布欠均匀,会有一定的误差。

2.3.6 多功能平行尺

多功能平行尺,是带滚轮的尺子,能够绘制出平行线,如图 2-25 所示。

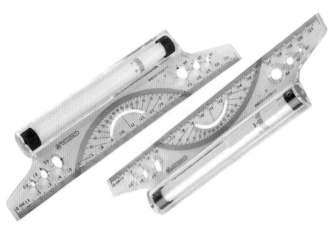

图 2-25　平行尺

多功能平行尺的使用方法:

(1)量角器的使用:把尺边的量角器中心对准所测绘之角顶点,同时将量角器刻度线与基准线重合,即可在尺边测绘出各种角度。

(2)画笔及圆弧曲线:把笔插入尺端的小孔内作圆心,在另一孔内插入另一支笔,共旋转尺体360°,即可画出一个圆,两孔间的半径不同或尺体不同,就可得不同的圆或圆弧。

（3）画水平平行线：将手按住尺体，沿尺边即可画出一条水平线，再将尺上下移动，就可画出水平平行线，之间的距离在计数窗内的刻度上表明。

（4）画垂直平行线：把笔尖插入尺边的小孔内，上下滑动尺体即可画出一条条垂直平行线；其长度可由计数窗内的刻度线表明。

2.4　手绘表现图常用颜料及使用方法

2.4.1　水粉颜料与水彩颜料

1．水粉颜料

水粉颜料也称广告色、宣传色，属于水彩的一种，即不透明水彩颜料。由粉质的材料组成，用胶固定，覆盖性比较强。水粉颜料在湿的时候，它颜色的饱和度很高，而干后，由于粉的作用及颜色失去光泽，饱和度大幅度降低，这是它颜色纯度的局限性。水粉不宜涂得过厚，否则会出现龟裂脱落现象

水粉颜料有带紫色的比如玫瑰红、紫罗兰这些颜色容易翻出来，所以不用来打底。水粉颜料色粒很细，跟水溶了之后颜色很漂亮，但不能覆盖底色。水彩颜料的群青、赭石、土红等色属矿物性颜料，单独使用或与别的色相混都易出现沉淀现象。

2．水彩颜料

水彩颜料泛指用水进行调和的颜料。透明度高，色彩重叠时，下面的颜色会透过来。水彩颜料最突出的特点就是"留空"的方法。一些浅亮色、白色部分，需在画深一些的色彩时"留空"出来。水彩颜料的透明特性决定了这一作画技法，浅色不能覆盖深色，不像水粉和油画那样可以覆盖，依靠淡色和白粉提亮。

2.4.2　透明水色

透明水色，又称幻灯色、照相色、液体水彩颜料。因其在彩色摄影尚未普及前用来为黑白照片和幻灯片着色而得名。特点是颗粒极细、颜色鲜艳、透明、浓度高、色性活跃、着色力强，以水调和，其色度和纯度与加入的水量有关，水越多，色越浅。有本装十二色，瓶装十二色、三十色等。如图 2-26 所示。

图 2-26　透明水色

2.4.3　修白液与留白液

1．修白液

修白液用于修改和上高光。如图 2-27 所示。

2. 留白液

留白液适用于水彩画绘制过程中留白遮盖。使用时将留白液加水稀释至水状粘稠度，这样较容易留白或擦除掉，用水稀释时以画笔能顺畅推动为好。在稀释过的留白液中滴入极少的水性颜料，浅灰或浅褐，摇匀使之成为带有颜色的液体，便于绘画时掌握图案的变化。使用后需要自然晾干，切忌采用烘烤、热风干燥或日晒，这样做会使留白液永远粘在纸上，或变得很粘，难以除去。画面干后，用橡皮轻轻摩擦移去，即可显出留白画面。如图 2-27 所示。

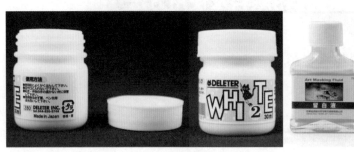

图 2-27　修白液与留白液

2.5　手绘表现图常用辅助工具及使用方法

2.5.1　纸胶带

纸胶带的种类很多，在手绘表现图中用于裱纸的是一种牛皮纸胶带，以高强度牛皮纸为基材，以变性淀粉为粘合剂。其沾水后可产生很强的粘性，能够固定住纸张。牛皮纸胶带的特点是：有较强的粘性、易撕、耐候性强，能适应较寒冷的环境。如图 2-28 所示。

图 2-28　牛皮纸胶带

牛皮纸胶带使用时，要确保涂胶面全涂有适量的水；如果干后有部分水性纸弹起不粘，应查看弹起部分是否涂水不够或该部分贴着物上贴有灰尘或油渍。纸胶带裱在纸张的四周后，将湿水纸扫平，以确保无气泡存在。

2.5.2　板刷

板刷的板头较宽，有不同型号和质地的。在手绘表现图中可以用来绘制底纹，或者在裱纸的时候涂湿纸面和牛皮纸胶带。如图 2-29 所示。

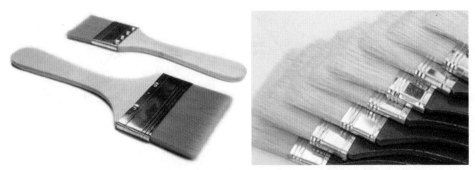

图 2-29　尼龙板刷与猪鬃毛板刷

2.5.3　透桌与透台

透桌与透台，是由一个灯箱上面覆盖一块毛玻璃或亚克力板组成，有木质、铝合金和 LED 等。使用的时候将多张画稿重叠在一起，可以很清楚地看到底层画稿上的图，并拷贝或者修改画到第一张纸上。当多张重叠的画纸放在毛玻璃或亚克力板上后，打开灯箱开关，光线会透过毛玻璃或亚克力板而映射在画纸上。如图 2-30 所示。

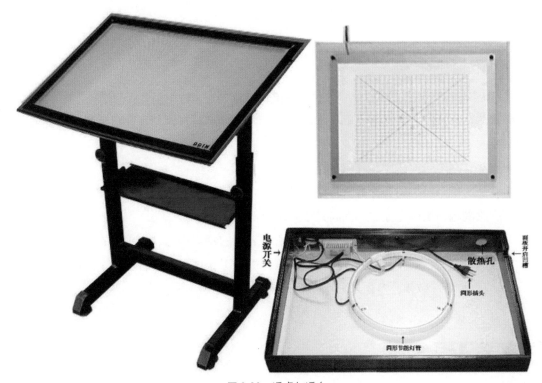

图 2-30　透桌与透台

2.5.4　绘图桌与绘图板

绘图桌与绘图板都是绘制手绘表现图的辅助工具，专业性较强。绘图桌按功能分为普通绘图桌、升降绘图桌、多功能绘图桌。其中升降绘图桌的结构包含可上下升降、前后倾仰钢制脚架，左侧配备 360°可旋转、带刻度尺的金属托臂。升降绘图桌突破传统绘图桌规定不可调节桌面高度及绘图板角度的限制，不需要任何工具，只要轻转旋钮，便可将桌面调到最合适的高度和角度，左右同步即停即锁，极大地方便了绘图。绘图板可以直接架在桌面上，便于携带。如图 2-31 所示。

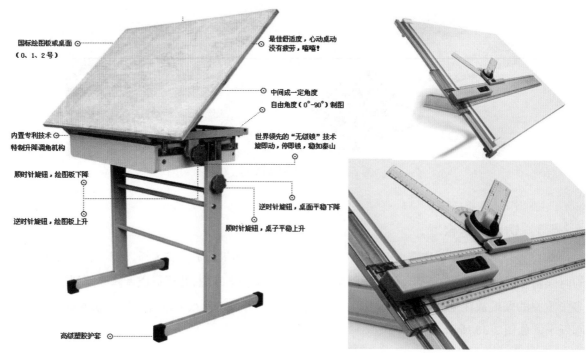

图 2-31　绘图桌与绘图板

2.5.5　制作肌理的物品

手绘表现图中可以借鉴多种方法，以达到不同的绘画效果，如：

（1）撒盐法，色彩中加入碱类（肥皂水、洗衣粉、洗涤剂等）调匀，敷色后半干时撒盐。小颗粒加精盐为好。

（2）喷点法，用笔管或牙刷蘸颜色，弹至画纸上。

（3）粘贴法，把海报上的人物剪裁下来，粘贴到画面上。

（4）用涂改液辅助绘画，提白、点高光或画水纹等。

（5）刀刮法，趁颜色末干时用刀或硬器刮出所要表现的物体形态。如浅色的树干和树枝等。

（6）擦蜡法，在着色前将所需部分用蜡或油画棒擦一下。再用水彩着色时，因擦过的地方不沾色而露出来，形成一种特殊效果。多用来表现毛石、树干、织物等纹理。

2.6　思考与练习

1．马克笔专用纸张特点是什么？

2．如何使用硫酸纸？

3．裱纸方法有哪些？

4．马克笔的种类有哪些？

5．喷笔的组成有几部分？如何使用？

6．槽尺的使用方法有哪些？

7．制作几组肌理底纹效果，如何应用到表现图中？

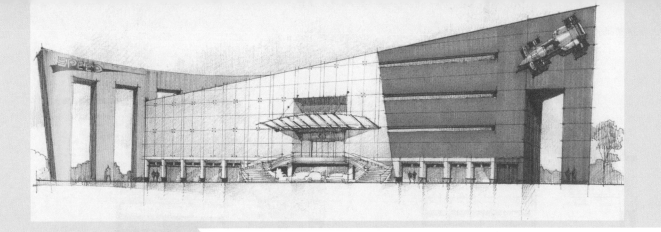

第3章 手绘表现图技法基础理论

3.1 制图与透视原理

3.1.1 基础制图原理

1. 平面图

平面图实际上是一种水平剖面图,就是用一个假想的水平剖切面把室内空间切开,移去上面的部分,由上向下看,对剩余部分画正投影图。室外平面布局图不用剖切。如图3-1和图3-2所示。

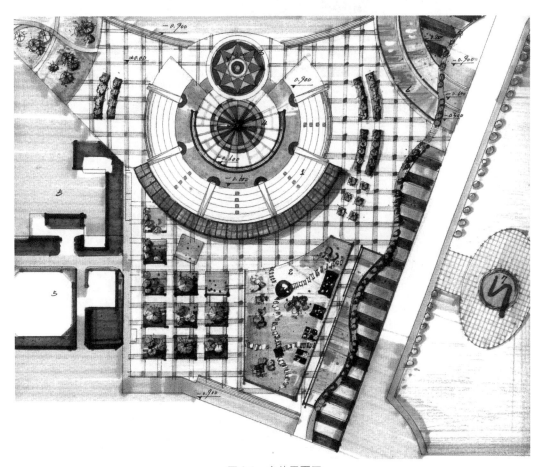

图3-1　室外平面图

图 3-2 室内平面图

2.立面图

立面图是一种与垂直界面平行的正投影图。它能够反映垂直界面的形状、装饰装修做法和其上的陈设等。如图 3-3 和图 3-4 所示。

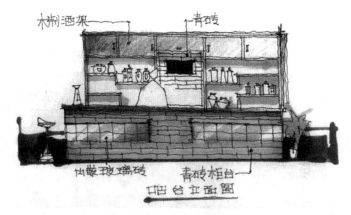

图 3-3 室内立面图

图 3-4 建筑立面图

3. 轴测图

轴测图是一种单面投影图，在一个投影面上能同时反映出物体三个坐标面的形状，并接近于人们的视觉习惯，形象逼真，富有立体感。但是轴测图一般不能反映出物体各表面的实形，因而度量性差，同时作图较复杂。在设计中，用轴测图帮助构思、想象物体的形状，以弥补正投影图的不足。如图 3-5 所示。

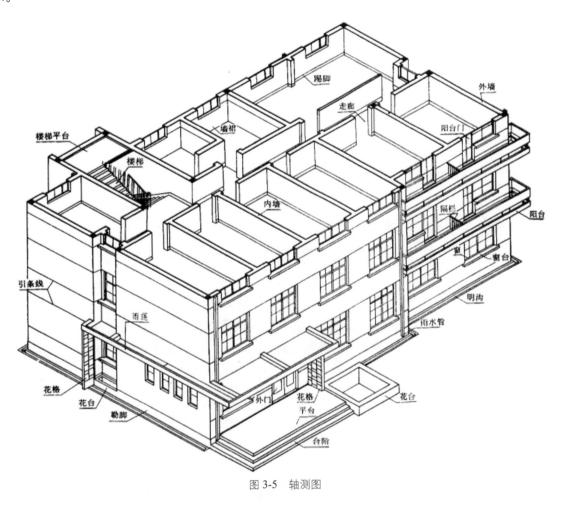

图 3-5　轴测图

轴测图的基本特点：相互平行的两直线，其投影仍保持平行；空间平行于某坐标轴的线段，其投影长度等于该坐标轴的轴向伸缩系数与线段长度的乘积。

轴测图根据投射线方向和轴测投影面的位置不同，可分为两大类：正轴测图，即投射线方向垂直于轴测投影面；斜轴测图，即投射线方向倾斜于轴测投影面。

正轴测图又分正等轴测图（简称正等测）、正二轴测图（简称正二测）和正三轴测图（简称正三测）这里只介绍正等轴测图的画法，也就是轴间角均为 120°，如图 3-6 所示。

在作图时，将平面图在水平线上扭转到一定的角度后，把平面图上的各点按同一比例尺寸，向上作设计高度的垂线，然后连接垂直线上端的各点，即可求出轴测图，画法如下：

（1）选择 OX、OY、OZ 轴的角度。

（2）把平面图 AB、CD 分别与轴 OX、OY 重叠，在 OX 轴上分别量出 OA、AB 的长度，OY 轴上分别量出 OC、CD 的长度，自 A、B 点作平行 OY 轴的水平线，自 C、D 点作平行 OX 轴的水平线，求出平面图。

（3）按立面图的高度，完成各点的高度，求得轴测图。

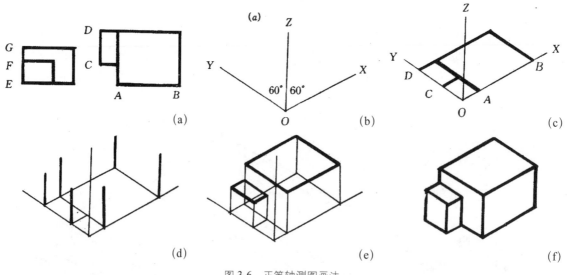

图 3-6　正等轴测图画法

3.1.2　透视图原理及规律

透视图原理：透视图形与真实物体在某些概念方面是不一致的，所谓"近大远小"是一种"错觉"现象，这种"错觉"却符合物体在人们眼球的水晶体上呈现的图像，因而，它又是一种真实的感觉。为了研究这个现象的科学性及其原理，人们总结出了"画法几何学"和"阴影透视图学"。"透视"顾名思义就是透过假设的一块玻璃观看前面的物体时，在玻璃上反映出的物体图像就是透视图形。

透视图规律：等高的物体，近高远低；等距离间隔的物体，近疏远密；等体量的物体，近大远小；物体上平行的直线，如与视角产生一定夹角后，延长后相交于一点。

透视学中的常用名词：

立点（SP）——人站立的位置，也称足点。

视点（EP）——人的眼睛的位置。

视高（EL）——立点到视点的高度。

视平线（HL）——观察物体的眼睛高度线，又称眼在画面高度的水平线。

画面（PP）——人与物体间的假设面，或称垂直投影面。

基面（GP）——物体放置的平面。

基线（GL）——假设的垂直投影面与基面交接线。

心点（CV）——视点在画面上的投影点。

灭点（VP）——与基面相平行，但不与基线平行的若干条线在无穷远处汇集的点，也称消失点。

测点（M）——求透视图中物体尺度的测量点，也称量点。

真高线——在透视图中能反映物体空间真实高度的尺寸线。如图 3-7 所示。

3.1.3　平行透视画法

平行透视，也叫一点透视，是指物体的两组线，一组平行于画面，另一组垂直于画面，它们聚集于一个灭点，与心点重合。平行透视用得最为普遍，表现的范围广、纵深感强、内容多、说明性强，适用于表现庄重、严肃的空间。便于用丁字尺、三角尺作图，因而相对简便、快捷而实用。缺点是比较呆板，与真实效果有一定距离。画图方法有足线法和量线法两种。如图 3-8 和图 3-9 所示。

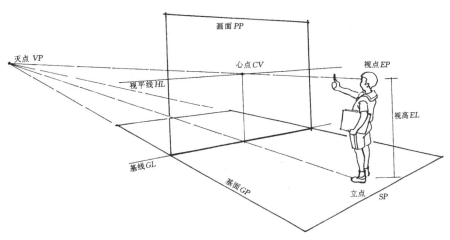

图 3-7　透视基本原理

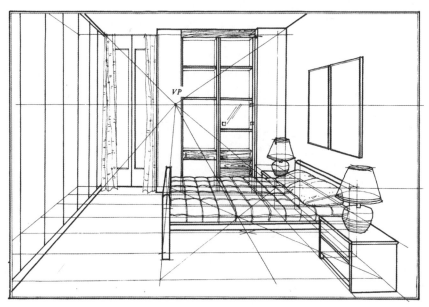

图 3-8　卧室平行透视图

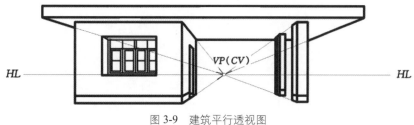

图 3-9　建筑平行透视图

1. 足线画图法

足线画图法，适宜于施工图完成后的表现，其画图步骤如下：

（1）将平面图按所要画的范围折叠，紧靠在绘图底稿纸上，定图边线 PP，在 PP 线下方留出足够的空间，确定基线 GL。

（2）以立面图空间高度与平面图相对完成 A、B、C、D 外框架，以 AB 或 DC 为真高线，在 1.5m 高度作视平线 HL。

（3）在 PP 线下方的空白里选定合适的立点 SP，并连接平面图中各个内角及转折点，连线交于 PP 线。

（4）将 SP 向下垂直延伸，交 HL 于 VP，VP 即为透视图的心点，连接 A、B、C、D 外框的四角。

（5）过 PP 线上的各连线的交点分别向下作垂线找出各点在透视图中的空间位置，利用真高线尺寸可求得透视图内各点的空间高度。如图 3-10 所示。

2.量线画图法

量线画图法，适宜于设计探讨过程中的画作图，画图前需主观考虑和确定的要素：作图比例；墙面大小和位置；CV 和 VP 的位置（两者重合）。具体画图步骤如下：

（1）按设计要求确立主立面的高宽比例 a、b、c、d，并设定 HL（交 cd 于 e）及 CV，连接 CVa、CVb、CVc、CVd 并延长，在 cd 线右侧的视平线的延长线上确定 EP（点 e 至 EP 的间距表示观察者离开内墙面的距离）。

（2）在 ad 的延长线上作适当的等分点 d_1、d_2、d_3、d_4……（即作室内进深尺寸的量点），将 EP 的各分点连接并延长，交 CVd 点的延长线于 d_1、d_2、d_3、d_4……，随后再分别过 d_1、d_2、d_3、d_4 作水平线、垂直线，组成大小不同的矩形，这些矩形的边即为室内进深透视的基准线。

（3）在 ad 线和 bc 线上，分别作适当的等分点，确定室内横向量点，由 CV 过各量点可作顶棚和地面横向分隔的基准线。

（4）有了进深透视的基准线后，室内空间的立体骨架即可形成，ab 垂线为真高线；室内所有的高度都在 ab 线上量取。如图 3-11 所示。

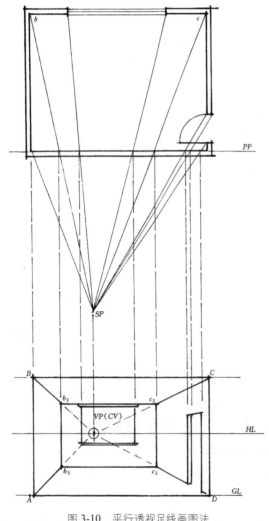

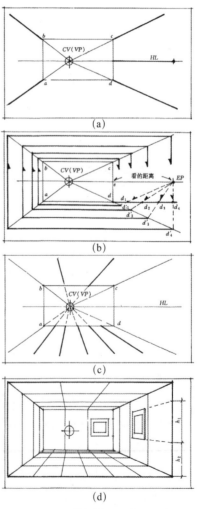

图 3-10　平行透视足线画图法　　　　　　　　　　图 3-11　平行透视量线画图法

3．快速画图法

（1）先按室内的实际比例尺寸确定 A、B、C、D。

（2）确定视高 HL，一般设在 1.5～1.7m 之间。

（3）灭点 VP 及 M 点（量点）根据画面的构图任意定。

（4）以 M 点引到 A—D 尺寸格的连线，在 A—a 上的交点为进深点，作垂线。

（5）利用 VP 连接墙壁天井的尺寸分割线。

（6）根据平行法的原理求出透视方格，在此基础上求出室内透视。如图 3-12 所示。

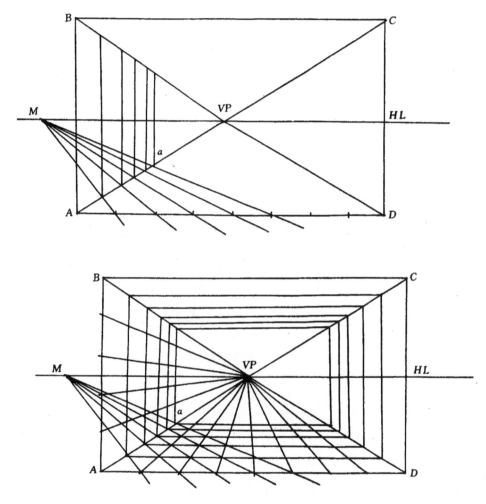

图 3-12　平行透视快速画图法

3.1.4　成角透视画法

成角透视，又叫二点透视。是矩形室内空间的所有立面与画面成斜角度。其线条均分别消失于视平线左右的两个灭点上，其中，斜角度大的一面的灭点距心点近，斜角度小的一面距心点远。高于视平线的平面表现为近高远低；低于视平线的平面表现为近低远高。如图 3-13 和图 3-14 所示。

两点透视图可根据平面布置的方向，选择最佳角度，有利于设计主体的重点表现。足尺法是以立点为中心的透视画法，也是两点透视中常用的一种方法，画图前需要主观考虑确定的要素：室内透视的视线角度；PP 线的位置以及与平面图相接的角度；GL 线的位置及 HL 线的高度；SP 点在 GL 线下方的位置。

图 3-13　起居室成角透视图

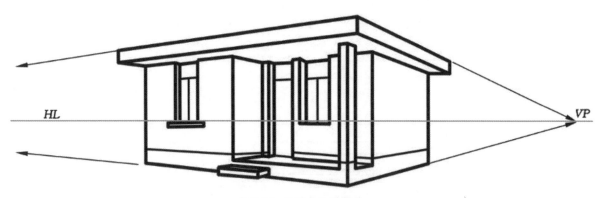

图 3-14　建筑成角透视图

1. 足尺画图法

（1）确定平面图的内容范围及与 PP 线间的夹角，设定 GL 线的位置并画出视平线 HL，在 GL 线下方确定足点 SP，并由此点分别作平行于两墙面的直线交 PP 线于 P_1、P_2，再过 P_1、P_2 点向下作垂线交 HL 线于 VP_1、VP_2 点，VP_1 和 VP_2 即为两灭点。

（2）由与 PP 线相连的两内墙面的点 c、d 向下作垂线交 GL 线于 a、b 两点，在此任意一点的垂线上确定顶棚的真高度 ae（或 bf）。连接 m 与 SP，与 PP 相交于 m 点，再由 m 向下作垂线，然后连接 VP_1b、VP_1f、VP_2e、VP_2a 与过 m 的垂线相交于 g、h，g、h 即为 m 墙角的透视高度线，所得图形 ahge、bfgh 即为室内成角透视的墙体空间界面图形。

（3）按上述办法将室内平面图内其他形体的转折点朝 SP 方向作延长线，交 PP 线于各点，再过各点分别向下作垂线即可求得各形体的透视效果。如图 3-15 所示。

2. 快速画图法

（1）按照一定比例确定墙角线 A—B，兼作量高线。

（2）AB 间选定视高 HL，过 B 作水平的辅助线，作 G、L 用。

（3）在 HL 上确定灭点 VP_1、VP_2，画出墙边线。

（4）以 VP_1、VP_2 为直径画半圆，在半圆上确定视点 E。

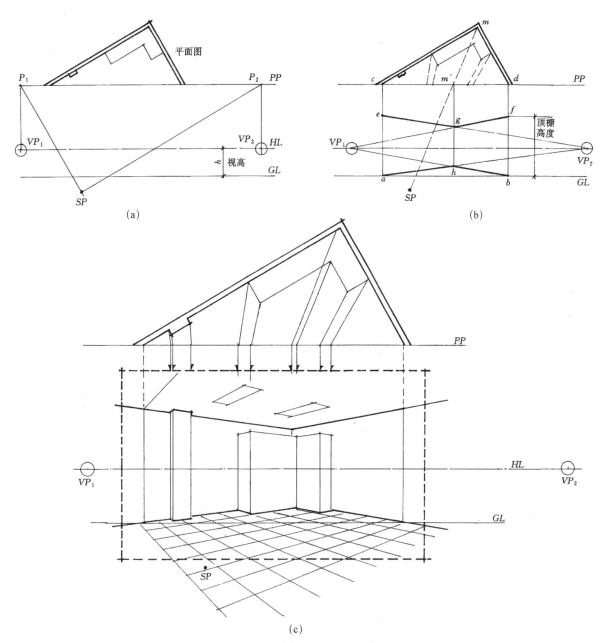

图 3-15　成角透视足尺画图法

（5）根据 E 点，分别以 VP_1、VP_2 为圆心，求出 M_1、M_2 量点。

（6）在 GL 上，根据 AB 的尺寸画出等分。

（7）M_1、M_2 分别与等分点连接，求出地面、墙柱等分点。

（8）各等分点分别与 VP_1、VP_2 连接，求出透视图。

（9）过 P 点作一水平线 P—C，并按地板格等分之。

（10）连结 CD 交视平线于 M_1 点。

（11）从 M_1 点向 P—C 各等分连线，在 PD 上的交点，为 VP_1 方向的地板透视点，各点连接 VP_1。

（12）BP 也用同理求出透视图，窗格的方法也如此。如图 3-16 所示。

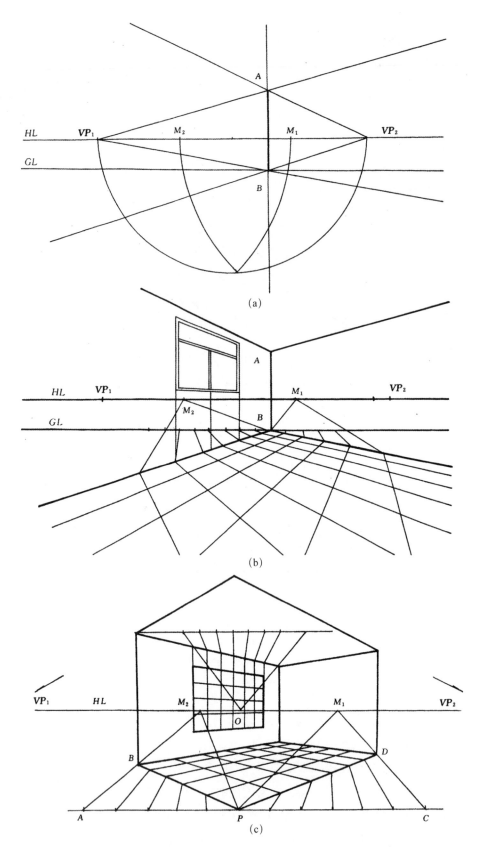

图 3-16　成角透视快速画图法

3.1.5　斜角透视画法

斜角透视是介于平行透视与成角透视之间的一种透视图形画法。室内空间远处的墙面与画面略微有一些角度，其角度不得大于 45°，两侧墙面有平行透视的感觉，但画面还有两个灭点，一个灭点在图中，另一个灭点在图外或离画板很远的地方。如图 3-17 所示。

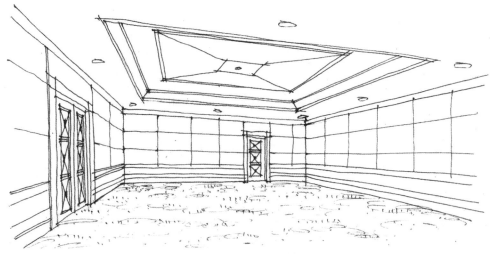

图 3-17　室内斜角透视图

画图前需要确定的要素：原来垂直于地面的还要保持垂直并且画垂直线；与画面垂直的那些平行线交于视平线上的灭点上画透视线；与画面呈角度的那组线要交于画板外的消失点上。画法如下：

（1）任意确定最前面的透视框。

（2）作出右侧进深方向的透视格线。

（3）透视格上的 1，2，3……沿设定的 VP_2 方向的透视线，向左侧移动。

（4）随意定出 A、B、C、D 四点，与 EL 线平行得到 A'、B'、C'、D'。

（5）A'、B'、C'、D' 与 VP_1 相连，得出 A"、B"、C"、D"。

（6）连接 A、A"、B、B"……，得到 VP_2 方向的透视网格线。

（7）以透视网格线为基准，做出垂直网格线。如图 3-18 所示。

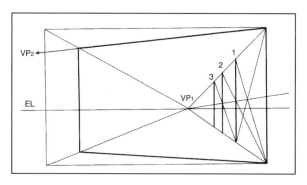
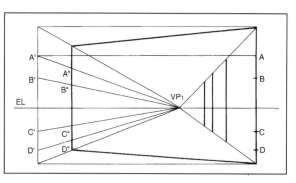
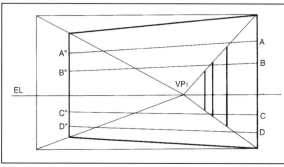
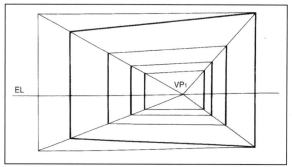

图 3-18　斜角透视图画法

斜角透视的特点综合了平行透视和成角透视的优点，即视野宽广，纵深感强，画面能给人以活泼、真实的感受。

3.1.6 三点透视画法

三点透视适合表达高大宏伟的景物，如超高层建筑的俯视图或仰视图，俯视景物动荡欲覆，有深邃之感；仰视景物险峻高远，有开朗之感。三点透视有以下两种情况：一种情况是物体本身就是倾斜的，如斜坡、瓦房顶、楼梯等。这些物体的面本来对于地面和画面都不是平行的，而是倾斜的，不是近低远高的面，就是近高远低的面；另一种情况是物体本身垂直，由于它过于高大，平视看不到全貌，需要仰视或俯视来观看。因此，产生了近大远小的透视变化，透明画面与垂直的物体有了倾斜角度。如图 3-19 所示。

图 3-19　三点透视图

1. 三点透视画法一

（1）将圆周用 120° 等分为 3 点，作为 3 个 VP。

（2）以中心 0 与各 VP 的连线上，截取适当长度的棱线，以同长画出。

（3）各 VP 与 3 条棱线端点相连，求出它们的交点，画出正六面体。如图 3-20 所示。

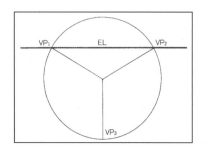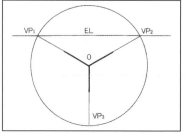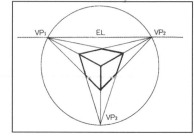

图 3-20　正六面体的三点透视画法一

2．三点透视画法二

（1）以中心 O_3 为圆心，取 VP_1、VP_2，作半圆。

（2）在半圆上取 A_3 点，通过 A_3 点向 EL 引垂线，交 EL 于 V_3 点。

（3）从 A_3 点开始，取适当的长度引出前面的棱线 AA_3，A 与 VP_1 及 VP_2 的连线交于半圆上的 V_1 和 V_2 点。

（4）连接 VP_1 和 V_2 与 VP_2 和 V_1 的线，同 V_3 和 A_3 的线相交于一点 VP_3，此点就是第三个灭点。

（5）求出 VP_1 和 VP_3 与 VP_2 和 VP_3 的连线的中间点 O_2 及 O_1，画出半圆 O_2 和半圆 O_1。

（6）这两个半圆与从 VP_1 到 A 所引的线相交于 A_1 和 A_2 点。这样可得到前面的棱线 AA_1 AA_2 AA_3。

（7）前面求出的棱线，与各 VP 点相连，得出交点，作出正六面体。如图 3-21 所示。

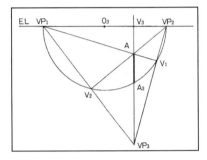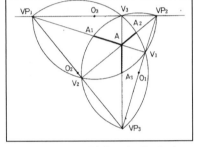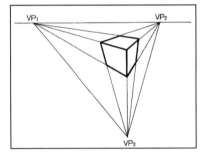

图 3-21　正六面体的三点透视画法二

3.1.7　俯视图画法

俯视图实际是室内平面空间立体化。说明性强，常用于整体单元的各个室内空间的功能与布置设计的介绍，画图原理近似平行透视，即从室内的顶部鸟瞰，它能简明地表达室内空间的各个界面，整体性强，作图便捷。如图 3-22 所示。

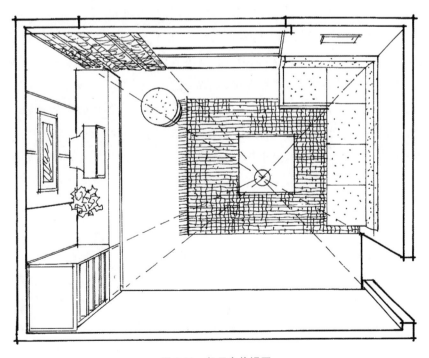

图 3-22　起居室俯视图

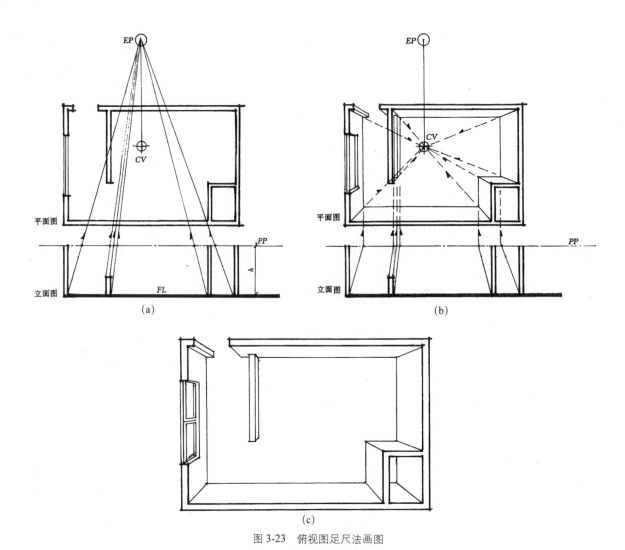

图 3-23　俯视图足尺法画图

俯视图画图需要考虑的要素：平、立面图的比例与大小；设定剖切的室内断面高度，确定画面线 PP 的位置；平面图中心 CV 的位置和视点 EP 的位置。画图方法如下：

（1）在图纸上画出平面图与立面图，确定剖切的高度（一般取 2m 左右，如鸟瞰连续多个房间，为避免遮挡，可取的再低一些），作 PP 线，根据表现内容选定心点 CV 以及在该点垂直上方的合适位置确定视点 EP，并将立面上的各点与 EP 点连接，求得在 PP 线上的各交叉点。

（2）将平面图的各个点与心点 CV 连接，再把图中 PP 线上的各点向上作垂线与同 CV 连接的线相交，将所得各交点相连即得地面与墙面的交接线，俯视的空间界面可见。

（3）按上述基本程序，可求出其余的门窗、家具、陈设的空间位置和形状。如图 3-23 所示。

3.1.8　辅助透视画法

1．透视图形的分割与延续

对已求出的透视图形作进一步的深化和充实，对内可分割，对外可延续。

（1）任意线段分割透视面。首先在 ABCD 图的下方作任意水平线 XX'，然后在图外视平线 HL 上任意确立一点 E，将 E 与图形的下边线 BC 两端点分别连接并延长，交 XX' 与 B'C'，将 B'C' 按需要等分，得等距离点。然后将各点与 E 点连接，即可求得透视图形上的等分段，同理，也可在 ABCD 图内取点 E'，方法同上。如图 3-24 所示。

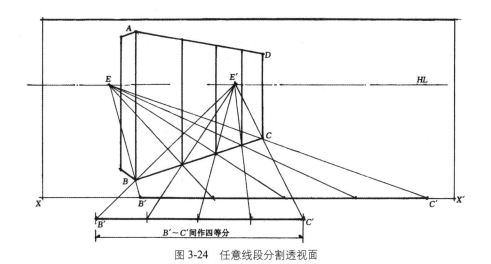

图 3-24　任意线段分割透视面

（2）垂直线方向等分透视面。首先等分透视图形 ABCD 的 AB 边，分别将各等分点与灭点 VP 相连，再连接对角线 AC（或 BD），过 AB 各分点与 AC 的交点作垂线，即将 ABCD 透视图形等分。如图 3-25 所示。

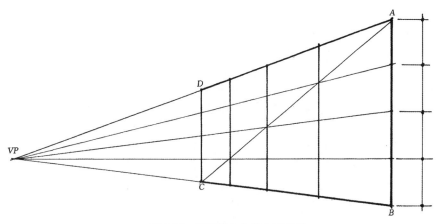

图 3-25　垂直线方向等分透视面

（3）利用对角线分割透视面。以四等分透视图形 ABCD 为例，①作 AC 对角线；②作 DB 对角线；③得中心交点 x；过 x 作垂直线 EF，即得两分割面，然后重复上述办法，分别再次分割 ABFE 面和 EFCD 面即可。如图 3-26 所示。

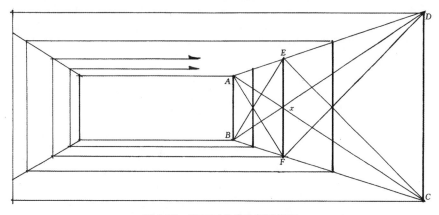

图 3-26　利用对角线分割透视面

（4）利用对角线延续透视面。已知矩形 ABCD，①作 AC 和 BD 的对角线，得交点 E；②过 E 点作 AD 的平行线，平分 CD 于 F 点；③连接 AF 并延长交 BC 的延长线于 G 点，过 G 点作垂线交 AD 延长线于 H 点，DCGH 即为该透视面的延续面，依次类推完成系列化的连续透视面。如图 3-27 所示。

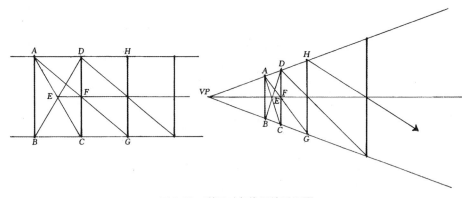

图 3-27　利用对角线延续透视面

2. 圆形的透视

圆的透视变形按画法几何求图较为复杂，以目测判断、随意勾画又常出差错，这就需要首先弄清圆形透视的基本原理，掌握徒手画圆的有关要领，只有在大量的认识、画图、再认识、再画图……的反复实践过程中，熟能生巧地画好各种圆形透视。用外切正方形来确定圆的透视（八点求圆）：即水平面圆形和垂直面圆形的透视切点，如图 3-28 所示。

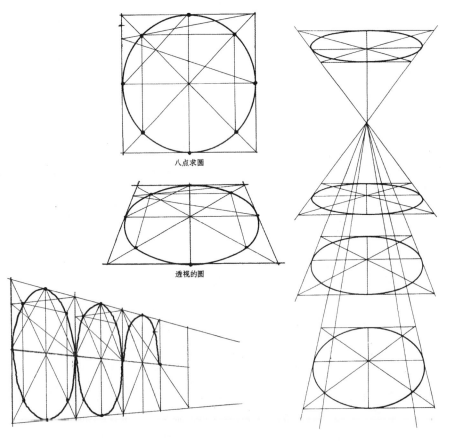

八点求圆

透视的圆

图 3-28　圆的透视

徒手画圆常出的毛病：转角太尖、平面倾斜、前后半圆关系不对、灭点不一致。如图 3-29 所示。

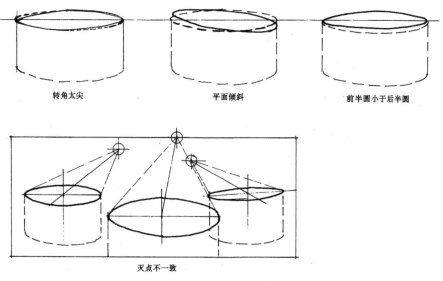

转角太尖　　　　　　　　　平面倾斜　　　　　　　　　前半圆小于后半圆

灭点不一致

图 3-29　徒手画圆常见的毛病

　　徒手画圆要领：①凡水平圆，圆面两端连线始终水平；②水平圆左右始终对称；③左右两端转角始终为圆角，绝不能画成尖角；④前半圆略大于后半圆；⑤离视平线越近圆面越窄，反之越宽；⑥画圆形运笔平稳、顺畅，可分左右两半完成。

3.透视角度的选择

　　室内表现图画面的透视角度要根据室内设计的内容和要求以及空间形态的特征进行选择。一个适合的角度既能突出重点，清楚地表达设计构思，又能在艺构图方面避免单调。从不同的角度观看同一空间的布置，会产生完全不同的效果。因此，在正式画图之前，应多选择几个角度或视点，勾画数幅小草稿，从中选择最佳的画成正式图。如图 3-30 所示。

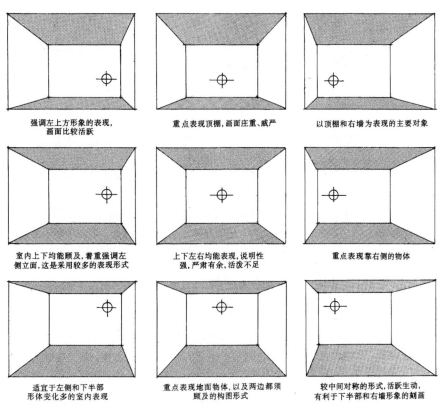

强调左上方形象的表现，　　　　重点表现顶棚，画面庄重、威严　　　以顶棚和右墙为表现的主要对象
画面比较活跃

室内上下均能顾及，着重强调左　　上下左右均能表现，说明性　　　　重点表现靠右侧的物体
侧立面，这是采用较多的表现形式　　强，严肃有余，活泼不足

适宜于左侧和下半部　　　　　　重点表现地面物体，以及两边都须　　较中间对称的形式，活跃生动，
形体变化多的室内表现　　　　　　顾及的构图形式　　　　　　　　有利于下半部和右墙形象的刻画

图 3-30　视点位置的变化及效果

4．光与阴影

任何物体在光的照射下都会产生阴影，室内表现图的立体感、空间感均离不开对阴影的刻画。阴影的形状都具备物体自身的基本形态特征，同时又与地面环境保持一致。在透视作图时须综合考虑光→物→影三者之间的联系。如图 3-31 所示。

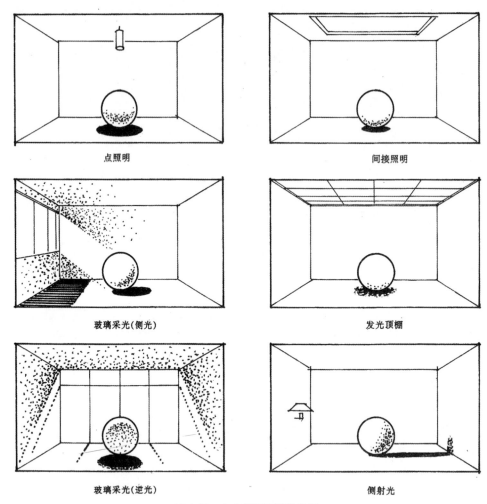

点照明　　　　　　　　　　间接照明

玻璃采光(侧光)　　　　　　发光顶棚

玻璃采光(逆光)　　　　　　侧射光

图 3-31　室内光源及投影效果

（1）人工光和自然光。人工光是指距离较近的人造光源如灯光、烛光、火炬等，其光投射于物体，均为辐射状光线；自然光是指距离特别远的大自然中的光源如太阳、月亮，人们感受不到它的辐射状，而只能感觉到它是一种平行光线。

（2）阴影的透视作图方法同于其他透视作图。在比较重要的、精细的表现图中，对阴影形状的要求也是严格的，须认真按画图步骤进行，在快速表现的效果图中也是如此。一般是凭借对透视法则的熟悉和感觉上的基本准确进行作图，有时为了某些表面效果的需要，更好地突出重点场景，在不违背真实原则的基础上，有意识地适度扩延或收缩阴影的面积、增强或削弱阴影的明暗对比程度也是可以的。当然，要能准确地把握住这点，必须对各种光源条件物体投影的规律有所了解，要在长期的生活与绘图实践中观察、分析、总结、记忆各种光源、各种形态和各种环境条件下的光影变化，以便能快速准确地画出埋想的光影效果。

5．目测比例画法

从熟悉了各种透视原理的理论以及积累了一定实践经验的基础上，为适应紧张的工作节奏或便于进行空间的构思、造型设计，可以采用一种十分简便、快速的目测比例法绘出透视效果图，其方法以一点透视为例，如图 3-32 所示。

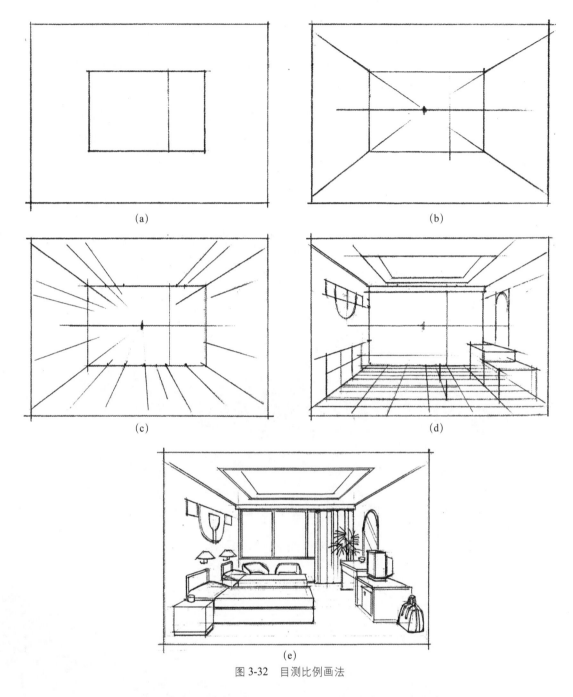

(a)　　　　　　　　　　　　　　(b)

(c)　　　　　　　　　　　　　　(d)

(e)

图 3-32　目测比例画法

（1）将选定的主墙面按高宽比（设高为 1 宽为 X×1）居图中央画一矩形。

（2）以矩形底边线为基线确定视点高度画一视平线，并标出心点。由心点分别过矩形的四角画直线，室内空间界面完成。

（3）以矩形两墙边线为准尺，目测靠墙门窗和家具的高度比例，以底边基线为准尺，目测地面放置物的尺寸宽度，如有花岗石或地砖铺地时尺寸更容易确定。若基线过短，可将其平行前移到便于进行除法运算长度的位置上，再由心点分别过这些目测点画直线，墙面与地面物体的高、宽度基本定位。

（4）以地面宽度尺寸为准，按正方形透视的比例尺度来画水平线（或用此法确定室内进深的柱网距离），由地面延至两墙面、对应于顶棚，即可得到室内空间的网状框架线。

（5）在此框架内进行局部的刻画或进行设计造型，完成后，调整外框比例，再利用复印机放大、拷贝即可。

3.1.9　典型实例分析

透视图是手绘表现图的骨架，起着十分重要的作用。透视图可以绘制的很详细，也可以绘制得很概括。绘制详细的透视图可以进行简单的着色，像钢笔淡彩表现图、马克笔表现图等，把透视图底稿透过颜色表达出来，既丰富了画面，又表现了质感，如图 3-33 和图 3-34 所示；绘制简单的透视图可以用颜色来弥补，用色彩绘制表达出光感和材质。如图 3-35 所示。在绘制大型空间场所时，透视图可以主要表达建筑结构，忽略其他细节，以体现空间感为主，如图 3-36 所示。

图 3-33　绘制较详细的室内透视图

图 3-34　绘制较详细的室外透视图

图 3-35　绘制相对简单的室内透视图

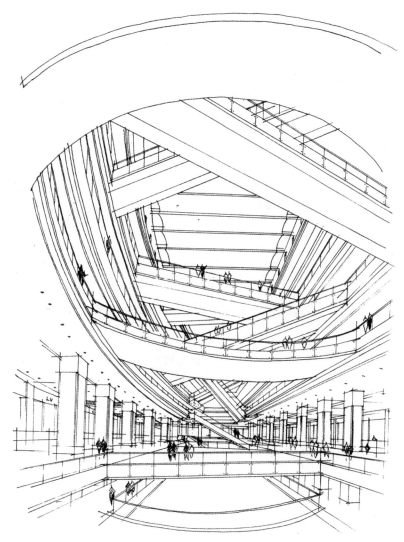

图 3-36　绘制大型空间场所的透视图

3.2　造型理论

3.2.1　形与结构

认识形象、塑造形象、用形象来说明设计，是学习手绘表现图的基础。

形的构成关系是可以认知的，对空间中的实形与虚形可以对其形状、尺度、方位及光影等诸方面的构成因素进行分析、解剖与判定。

1．结构素描

结构素描也称设计素描，对培养学生的观察分析能力、空间形态变化的想象能力以及徒手准确表达形体的刻画能力是十分有利的。根据感知规律，人们对物象的感受是从表面的形状、色彩和光影开始的。结构素描要求绘画者在观察形体时忽略光影与色彩，从外形的轮廓入手，寻找影响外形变化的所有力点，寻找与外形的体、面有关的结构线，以这些点、线为基准，按照透视变形规律，从内到外、从基面到空间、从模糊到清晰，校正原来的外部轮廓，在反复的观察、比较与分析中，逐步确立三维空间中的立体形态。这类练习最好是从石膏几何体或较透明的、简单的玻璃制品入手，然后是室内家具、室内空间及陈设的整体训练。如图 3-37 和图 3-38 所示。

图 3-37　几何形体

图 3-38　静物

2．速写

速写是素描的浓缩和提炼，它是培养敏锐观察能力和判断能力的方法之一。如图 3-39 所示，速写可以有目的进行：

（1）以形体比例的判断为目的，画一些长、宽、高比例严谨的平立面几何图形。

（2）以空间透视概念为目的，进行建筑室内外环境的写生。

（3）以概括取舍训练为目的，对琐碎复杂的场景作简笔画或黑白画练习。

（4）以运笔用线的流畅生动为目的，作笔不离纸面一气呵成的"一笔画"训练。

（5）以收集素材、储存信息为目的，对书刊画册上的插图或照片进行临摹整理。

3．临摹

临摹可以较快地学习到别人好的经验和表现方法，还可以加深记忆，有利于全面、细致、深入的观摹与学习。题材可以自选，临摹时要认真地分析别人的处理方法、表现技巧以及艺术上的处理，要充分理解空间形状、明暗、光影之间的联系，提高控制画面黑、白、灰层次的对比以及虚与实、强烈与微弱等素描效果整体处理能力。

4. 默画与想象画

默画与想象画可以进行一些记忆性的默画和改变视点角度与方位的想象画,有利于对物体形体的理解与分析。还可以结合设计中的平、立、侧面图快速、准确地绘出想象中的立体与空间形态。

图 3-39　速写

3.2.2　画面构成

1. 构图

构图就是对物体进行组合、安排、调整、经营,简单说就是将要表现的对象安排在平面中,表现画面中各物体所占有的位置与空间以及它们对画面所形成的分割形式。画面要注意前后关系、虚实关系、块面关系、疏密关系、呼应关系等,使主观情感和理性分析相结合。

2. 明暗与光影

明暗与光影在光的作用下,物体会呈现出一定的明暗变化。这对认识物体的体积和空间关系,具有十分重要的作用。在能较准确地把握形体结构的基础上,逐步加入光影,以简略的明暗关系塑造立体感和空间感。为了获得明晰的光影效果,须借助较强的光源。并以阴影与透视的原理为指导,更直观、形象地掌握光影造型规律和表现手法。如图 3-40 所示。

结构素描不需要在光影的表现方面耗费过多的时间和精力,只要在基本完成后的线框结构图形上加以适当的明暗与光影即可,自然地保留形态的轮廓与结构,画面会显得更为丰富、强烈而生动。对物体与背景的明暗处理,可采取简捷的甚至是程式化的手法,概括地表现立体感觉和层次关系,也有助于提高对复杂场面整体的控制能力。

图 3-40　明暗与光影

3．质感表现

质感表现运用明暗与光影的变化，在一定程度上可以表现物体材料的质地特征。如图 3-41 所示。例如，质地坚实、表面光滑的玻璃、釉彩、抛光的金属或石材等对光的吸收与反射显得敏感、强烈，其形状边缘也较为清晰；而质地松软或表面粗糙的泡沫、棉毛织品、原始木材或砖石则对光的反应比较滞缓，外形也较为柔和。此外，还可借助绘图工具和材料的工艺特点、运用笔触变化等手法来描绘物体的肌理效果和质感。

图 3-41　质感表现

结构素描重理性、重分析，有利于对空间形象的预想和准确的表达，具有严格的科学性，但是表现手法比较单一、明暗层次不够丰富、质感的表现也不够细腻，艺术情趣和个性表达难以尽兴。对此不足，加强速写方面的练习，可得以弥补。

3.2.3　典型实例分析

基础素描关系是手绘表现图的肌肉，是支撑空间关系的表达方式。在准确的透视图基础上，要合理的考虑素描关系，像构图、虚实变化、光影关系、材质表现等都可以通过素描底稿表达出来。扎实的素描功底有助于手绘表现图的学习，有助于后期着色色彩明度的把握，更有助于手绘新技法的创造与发展。

素描的写实性绘画练习十分重要，要想用抽象的笔触概括的表达出物体，首先要认识事物的本质，也就是充分了解物体的形态，然后进行特征简化、提取，达到最后形似到神似的转变。如图 3-42 所示。

图 3-42　素描写实性

3.3　色彩理论

3.3.1　色彩原理

色彩理论把自然界中的颜色分为无色彩和有色彩两大类。无色彩指黑色、白色和各种深浅不一的灰色，而其他所有颜色均属于有色彩。

1. 色彩的形成

自然界中物体表面色彩的形成取决于三个方面：光源的照射、物体本身反射的色光、空间和环境对物体色彩的影响。

（1）光源色，是由于光波的长短不同形成了光的不同颜色，绘画上称为光源色。不同的光源发出的光，由于光波的长短、强弱、比例性质的不同而形成不同的光源色。光源色是光自身的色彩倾向，它影响物体的色彩。自然界中的色彩现象，正是由于光源色的差别及其变化才使物体的色彩变得丰富多彩。

（2）固有色，就是物体本身所呈现的固有的色彩，是受光物体对光源色的吸收与反射作用形成的。色彩的光学原理表明，物质不存在固定不变的固有颜色，固有色的提法并不科学，不同物质对光确实存在着相应的反射、吸收或透射的特性，人们所说的固有色，实际是在比较柔和的日光下呈现的一种色彩印象，固有色是随着光源色和周围物体等环境色彩的变化而变化的。因此，从严格意义上讲，固有色不是固定不变的。对固有色的把握，主要是靠准确的把握物体的色相。一般来讲，物体呈现固有色最明显的地方是受光面与背光面交界部分，也就是明暗交界线部分，并且在一个物体中占有的面积比较大，所以，对它的研究十分重要。

（3）环境色，是指某个物体在不同环境里，其固有色会受环境色彩的影响而产生变化，即环境的色彩反射到物体上，以及物体色彩与环境色彩对比中，产生的色彩变化。因此，一个色彩单纯的物体，在一定条件的环境里，可以产生复杂的色彩变化，这种变化的色彩称为环境色。一般绘画色彩中，除了装饰性绘画和设计是研究固有色的色彩规律外，其他均着重研究及表现环境色的色彩规律与色彩效果。

2. 色彩的组成

（1）三原色，能够按照一些数量规定合成其他任何一种颜色基色，即红、黄、蓝被称为三原色。三原色的色纯度最高、最纯净、最鲜艳。它可以调配出绝大多数色彩，而其他颜色则不能调配出三原色。如图 3-43 所示。

（2）同类色，在色相环上的距离一般在 15° 以内的色彩称为同类色。如图 3-44 所示。

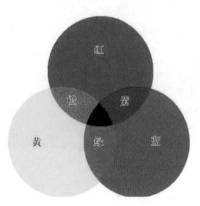

图 3-43　三原色

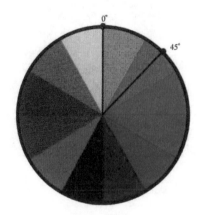

图 3-44　同类色

（3）类似色，也叫近似色，是色相环中的某一颜色左右临近的颜色，一般在 45° 以内。近似色可以表现比较柔和的色彩效果。如图 3-45 所示。

（4）补充色，是色环中的直接位置相对的颜色。想使色彩强烈突出的话，选择补充色比较好。如图 3-46 所示。

（5）冷暖色，由红、橙、黄色调组成的色彩称为暖色。其色彩给人以温暖、舒适和充满活力的感觉，让人有亲近感。而由蓝色、青色和绿色形成的色彩为冷色调，给人以冷静和深远的感觉。如图 3-47 所示。

（6）色彩对比，指各种色彩在画面构图中占的比例差异所形成的对比关系，被称为色彩对比。如色相对比、明度对比、纯度对比、冷暖对比等。

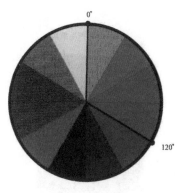

图 3-45 类似色

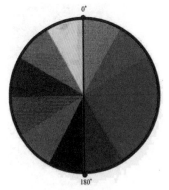

图 3-46 补充色

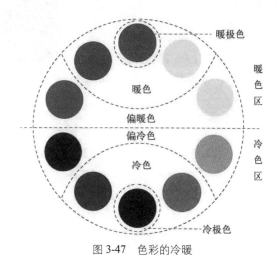

图 3-47 色彩的冷暖

3．色彩的属性

（1）色相，也叫色泽，是颜色的基本特征，反映颜色的基本面貌。在缤纷斑斓的色彩世界里，人的视觉能够感受到红、橙、黄、绿、蓝、紫色各个色系中不同特征的色彩，人们利用各种方法给这些色彩确定一个相应的名称以示区别，如大红、土黄、柠檬黄、草绿、湖蓝等。由于人们习惯这样称呼它们，久而久之人们就会形成一个特定的色彩印象，从而确定了色相的概念。色相除了是区别色彩的主要依据，还是色彩特征的主体因素。

（2）纯度，也叫饱和度，指颜色的纯洁程度。它是指各种颜色中包含的单独一种标准色成分的多少。对于一个颜色而言，纯度只是一个概念，因为千变万化的色彩由标准色混合调配而成，当然存在一个纯度问题。比如，某种颜色中所含标准色的成分越多，其纯度就越高，色彩的鲜艳程度也就越高，色彩的倾向就越明确；反之，标准色的成分越少，色彩的倾向就越模糊，越趋向灰色，色彩感越弱。这里要强调的是，人们眼睛中看到的色彩斑斓的世界，绝大多数色彩的纯度都不是很高的，都含有不同程度的灰色。只有这样才能使色彩的纯度产生变化，才能使色彩显得极其丰富，给人们生活带来无穷无尽的愉悦、舒适感。

（3）明度，也叫亮度。从色光方面来讲是指色光的明暗差别；从颜色方面来讲是指颜色的深浅差别。色光的明度主要取决于光的强弱即光度，明度的高低随着光度的变化而变化。颜色的明度是颜色指深浅方面的差别。在所有颜色中，白色明度最高；黑色明度最低，它们中间存在着由浅到深的系列变化。明度是色彩三要素中最具有独立性的因素，它可以不带任何色相的倾向特征而只通过黑白灰的关系单独呈现出来。如图 3-48 所示。

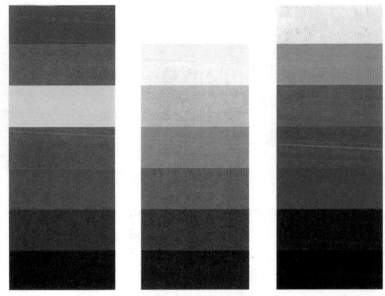

图 3-48 色相、明度、纯度

3.3.2 色彩运用

1．色调比较

色调是指各种颜色不同的物体所构成的色彩在明度、冷暖、色相、纯度等方面的总倾向。如对一幅画而言就是大的色彩效果，色调之间的比较，目的是为了确定色彩在明度、冷暖和色相上的倾向，这种倾向往往起着支配色彩的作用。它不但能使绘画内容在气氛特征上有一定的体现，还能使本来彼此不协调的色彩趋于统一。因此，在观察对象时首先要有全局观念，把对象包括对象所处的整个环境特征作为一个统一体来全面观察比较，在整体比较中捕捉色彩并形成一个总的色调特征。

2．明度比较

色彩的差别不仅是色相之间的差别，还包括各色相之间的明度差别，即色彩的深浅变化。在对色彩明度进行比较时，一定要把重要的和比较亮的颜色找出来，在把握大的黑白灰关系的同时，由深到浅排好序列，在绘画过程中逐步表现出来。值得提醒的是，在此过程中应根据对客观对象的认识与理解，将对象的形体和色彩进行有效的概括、提炼，必要时可以稍加夸张、写意，使画面在整体效果上从色彩到形体都能做到既丰富多彩又不失其客观真实，从而增强其艺术感染力。

3．冷暖比较

冷色与暖色是人们的生理感觉和感情联想。色彩的冷暖是互为条件、互相依存的，两种色彩相比较是决定冷暖的主要依据。没有暖的对比，冷色不可能单独存在，它们是对立统一的两个方面，色彩的冷暖感觉是通过整体分析比较而得出的。一般情况下，暖色光使物体受光部分色彩变暖而背光部分呈现其补色的冷色倾向；冷色光使物体受光部分色彩变冷而背光部分则呈现其补色的暖色倾向。

4．色相比较

色相是颜色的相貌，比较直观容易辨别，通常只有在明度接近或者相同、冷暖难分的情况下，才用色相来作对比，并作相应的色彩处理。

3.3.3 典型实例分析

色彩是手绘表现图的皮肤，是设计的最终表现。一张好的设计手绘表现图是从透视图到造型空间结构、素描关系再到色彩表达的一系列完整过程。色彩是个很抽象的概念，我们可以对色彩进行直观的感受并产生情感，这种情感是一种直觉。色彩是可以被提炼总结的，可以从抽象的概念中提取出科学的规律。如果我们能熟练地掌握规律并灵活运用它，缤纷的色彩就会为我们创造出更多的优秀作品。如图 3-49 至图 3-51 所示。

图 3-49　色彩在水彩画中的应用

图 3-50　色彩在马克笔画中的应用

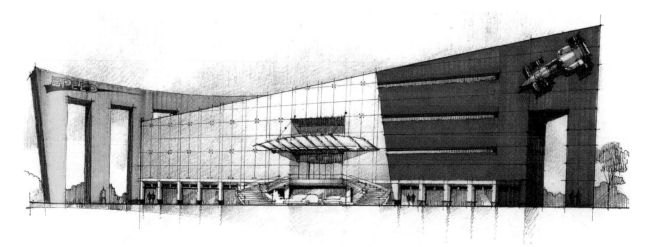

图 3-51　色彩在马克笔画中的应用

3.4　思考与练习

1．绘制一张教室或寝室的平行透视图，移动灭点，比较不同透视效果。

2．绘制一张机房或食堂的成角透视图，要求比例准确。

3．绘制一张教学楼三点透视图，可以适当加些配景。

4．画面构成中需要注意哪些要素？

5．色彩三要素有哪些？

6．如何处理画面色彩？

2

技法实练部分

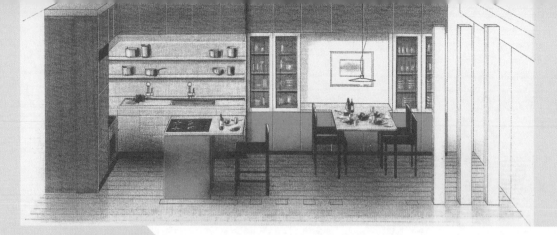

第4章 手绘表现图技法分类训练

4.1 水粉与水彩表现图技法训练

4.1.1 水粉表现图技法

水粉画以其色彩明快、艳丽、饱和、浑厚、作图便捷和表现充分等优点成为各类效果图表现技法中运用最为普遍的一种。如图 4-1 所示。

图 4-1 水粉手绘表现图

水粉表现技法大致分干、湿（或厚、薄）两种画法，实用中两种技法也经常综合使用，下面就这两种技法的特点进行详细介绍。

1. 湿画法

湿画法，湿的概念一是指图纸上有水，二是指用笔调混颜料时含水较多，适宜于大面积铺刷底色和快速表现，对空间界面的明暗过渡和曲面形体微妙转折的表现极为有效。湿画法在绘图时多采用类似水彩画的某些技法，如亮光部分的留白以及颜色之间的衔接、浸润等。

湿画法在表现物体暗部色彩的丰富性与透明感方面以及表现画面幻变、动感和朦胧气氛方面也有其独到之处。

湿画时颜色较薄，铅笔底稿图形依然可见，便于深入刻画。还可利用薄画颜色的半透明性产生类似叠加法的效果。但须注意多次叠加，底色容易泛起，产生粉、脏、灰的毛病。一旦以上毛病出现，最好将不满意的颜色用笔蘸水洗去，干后重画，重画的颜色应稍厚，要有一定的覆盖性。

2. 干画法

干画法，并非不用水，只是水分较少、颜色较厚而已。其画面色泽饱和、明快，笔触强烈、肯定，形象描绘具体、深入，更富于绘画特征。如处理不当，笔触过于凌乱，也会破坏画面的空间和整体感。

水粉颜色厚画，色彩强烈，有较好的覆盖力，不过，对玫瑰红或紫罗兰为底色的部分不易覆盖，要将其彻底洗净重新上色，否则其红紫色的底色总是要泛上来的。无论薄画、厚画，水粉颜色的深浅都存在着干湿变化较大的现象，对此需在长期实践中积累经验，一般情况下，深和鲜的颜色干透后会感觉浅和灰一些。在进行局部的修改和画面调整时，可用清水将局部四周润湿（下笔用力轻微，一遍即可），再作比较调整。

在室内表现图实践中往往是干湿、厚薄综合运用，勿须自设框框。从有利于修改调整、有利于深入表现的绘图程序来看，宁薄勿厚是可取的。具体讲，大面积宜薄，局部可厚；远景宜薄，前景可厚；准备使用鸭嘴笔压线的地方宜薄，局部亮度、艳度高的地方可厚。从上色的秩序看，宜先画薄再加厚。

水粉表现图与水彩表现一样都须将图裱在图板上，铅笔轮廓线可稍深一些。用大号底纹笔刷出画面的基本色调，这种基调可平涂也可上下退晕或左右退晕，体现光色的变化。也可有意刷出笔触来，以体现某些物体的肌理效果和地面倒影的感觉。基调刷色完成后即可区分室内五个空间界面的大致关系，以色彩的冷暖明暗体现室内的空间与景深。其次再画室内物体的阴影及背光部分。这部分颜色较深但又不可过死，要注意反光及环境色的表现。接着画受光的立面。立面色彩明暗的变化受多种光的照射而有所区别，强调与画面基调的对比与协调的处理。完成主体内容的表现后才是各种小型的陈设及绿地乃至人物的点缀，这些景物对创造理想的环境气氛十分重要，也是活跃画面色彩、调整画面均衡的一种手段。最后整理画面，可用白色亮线强调凸形的转折，用较深的类似色线修整过于粗糙的地方，这种规矩线多用鸭嘴笔、彩铅笔或细尖马克笔画成。灯光效果的处理可用较干的颜色作枯笔画，也可借助喷、弹等手段获得。如图 4-2 和图 4-3 所示。

4.1.2　水彩表现图技法

水彩渲染是较为古老的一种技法，同时也是一种使用较为普遍的教学训练手段。水彩表现要求底稿图形准确、清晰，忌用橡皮擦伤纸面，最好另用纸起稿，然后拷贝正图，再裱图上板。水彩技法十分讲究纸和笔上含水量的多少，即画面色彩的浓淡、空间的虚实、笔触的趣味都有赖于对水分的把握。如图 4-4 所示。

内深外浅退晕　　　　　　　竖向渐变退晕　　　　　　　横向平涂

内浅外深退晕　　　　　　　横向渐变退晕　　　　　　　竖向平涂

图 4-2　水粉涂色基本技法

涂色，水分较多，颜色晕开，感觉轻快　　　　　　水分饱满，同类色笔触稍有变化，表现轻柔的面料

原色，水分适中，多色涂底，有厚重感　　　　　　用分叉的旧笔沾较深的颜色，在浅底上快速拉出木纹效果

原色涂底，表现份量较重的呢绒之类　　　　　　利用槽尺斜拉笔触，表现玻璃、镜面、金属之类

图 4-3　水粉材质表现技法

图 4-4　水彩手绘表现图

　　水彩画上色程序一般是由浅到深，由远及近，亮部与高光要预先留出。大面积的空间界面涂色时颜料调配宜多不宜少，色相总趋势要基本准确，反差过大的颜色多次重复容易变脏。水彩渲染常用退晕、平涂与叠加三种技法。

　　（1）退晕法。先将图板倾斜，首笔平涂后趁湿在下方用水或加色使之逐渐变浅或变深，形成渐弱和渐强的效果。退晕过程多环形运笔，色块底部较多的积水、积色须将笔挤干再轻触纸面逐渐收去。如图 4-5 和图 4-6 所示。

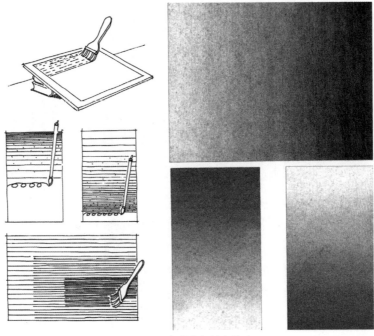

图 4-5　水彩涂色基本技法

图 4-6　调色、蘸颜料、抿笔

（2）平涂法。图板略有斜度，大面积水平运笔，小面积可垂直运笔，趁湿衔接笔触，可取得均匀整洁的效果。如图 4-7 所示。

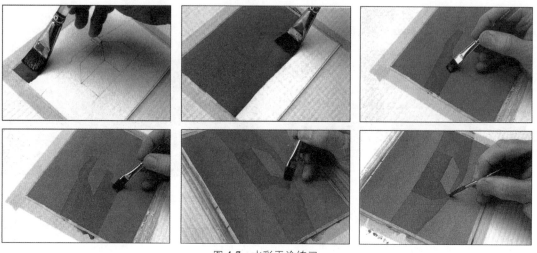

图 4-7　水彩平涂练习

（3）叠加法。图板平置，将需染色的部位投明晴光影分界，用同一浓淡的色平涂，留浅画深，干透再画，逐层叠加，可取得同一色彩不同层面变化的效果。如图 4-8 所示。

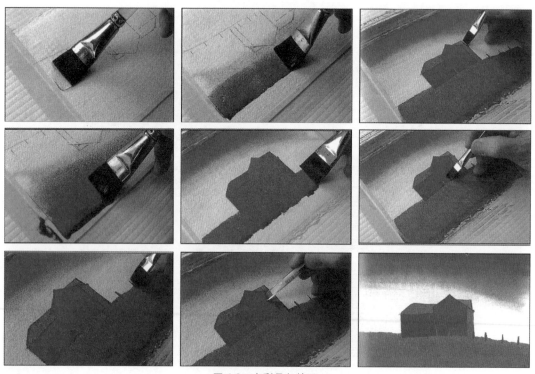

图 4-8　水彩叠加练习

4.2　透明水色表现图技法训练

　　透明水色的画面效果与水彩相似，颜料色彩明快、鲜艳，比水彩更为清新、透彻，比较适用于快速表现手法。绘画时注意色彩叠加、渲染的次数不宜过多，色彩过于浓，不宜修改，一般与其他技法混用。因其色分子活跃，对纸面的清洁度要求苛刻，画线稿时不要用橡皮擦，否则会出现很脏的痕迹。

　　透明水色颜料本身具有很强的透明性，因此，渲染的次数不能多，最多两至三次。画时，应由浅入深，画浅了还可以加重，如果画过了不好修改。上色时先画浅色的背景，再画深色的陈设。地面占比重多时，应该由地面开始向上画。整个着色过程一般一遍完成，局部可以两到三次，分层次进行。透明水色缺乏深度，最后可以利用覆盖能力强的水粉对重点部位细致刻画。如图 4-9 所示。

图 4-9　透明水色手绘表现图

4.3　色粉笔表现图技法训练

　　色粉笔画使用方便、色彩淡雅、对比柔和、情调温馨，对于墙面明暗的退晕和局部灯光的处理均能发挥其优势。如图 4-10 所示。

图 4-10　色粉笔手绘表现图

　　色粉笔粉质细腻，色彩也较为丰富，不足之处是缺少深色，故可配合木炭铅笔或马克笔作画，尤其是以深灰色色纸为基调，更能显现出粉彩的魅力。

　　色粉笔画作图程序是先用木炭铅笔或马克笔在色纸上画出室内设计的素描效果图，明暗、体积均须充分，暗部深色一定画够，宁可过之，勿可不及。素描关系完成后先在受光面着色，类似彩色铅笔，可作局部遮挡，一次上色粉不宜过厚，对大面积变化可用手指或布头抹匀，精细部位则最好使用尖状的纸擦笔擦抹，这样既可处理好色彩的退晕变化，又能增强色粉在纸上的附着力。画面大效果出来后只须在晴部提一点反光即可。画面勿须将粉色上得太多太宽，要善于利用色纸的底色。因而事先应按设计内容、气氛，选好合适基调的色纸。画完成后最好用定型剂对画面喷罩，便于保存。如图 4-11 和图 4-12 所示。

图 4-11　色粉笔线条

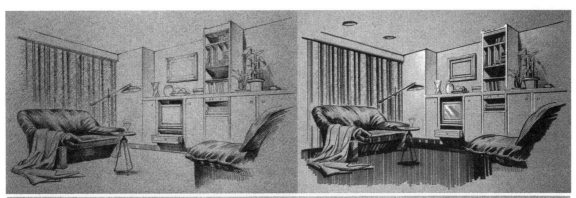

图 4-12　色粉笔技法

4.4　喷笔表现图技法训练

　　喷绘，是由"喷"和"绘"两部分组合而成的一种绘画表现技法。"喷"就是利用压缩空气将颜料溶液喷洒出来；"绘"就是用"喷"代替常用的画笔涂绘而塑造一定的视觉形象。当然，"绘"的另一层意思还包括当"喷"的任务完成后，有时还必须用画笔补绘那些通过"喷"无法达到的效果。

　　喷绘的基本原理是：通过细微色点的疏密松紧的均匀排列造成细腻变化的色彩层次来塑造形体。如果在一个平面上喷洒两种不同颜色，则两种色点进行空间混合后可呈现一种崭新的色彩感觉，画面效果甚至完全出乎想象，出现通常绘画不可能形成的画面效果。如图 4-13 所示。

　　1. 喷绘的工作原理

　　喷绘的工作原理为：①输送压缩空气；②装罐颜料；③将颜料由液体变成雾状。喷绘就是靠压缩空气将液体颜料形成雾状作画，表现的画面层次丰富，柔和、画面细致完美。喷画时，压缩空气应保持相对稳定的空气压力，如果压力时常波动，压力较低或不稳定时，喷绘的画面就难以保持均匀细腻的理想效果。

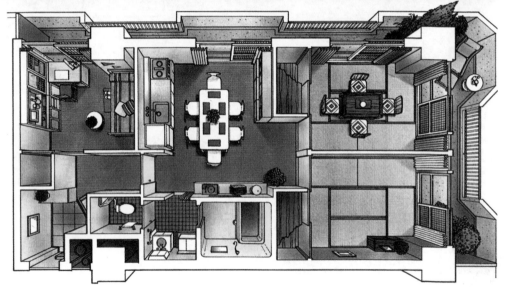

图 4-13　喷笔手绘表现图

在颜料斗中装灌颜料时不宜装灌得太满，以免洒落、溢出而污染画面。喷出的颜料所以成雾状是靠喷笔完成的。喷笔附有喷嘴及调整空气压力的按钮，当压缩空气经喷嘴外流时，在喷嘴口形成负压，使颜料沿着喷针，随着气流方向移动，至喷嘴部位，在负压作用下，由液体迅速成为雾状。按钮可以控制出色量的大小，并以此调节喷色的量及颜料的雾状，将画面完美地表现出来。

2．喷笔的握持方法

喷笔既是一种笔，握持喷笔时就要像握其他普通笔一样，手指不要太用力，如果过于紧握，喷笔使用时就会不灵活。通常可以手腕关节为支点悬腕移动。初次练习喷绘时，往往手腕、肩部，尤其是手指都会不知不觉地用力，这样一来势必不能灵活地喷洒。初学时都要经过这一熟悉过程，只要坚持反复练习，直到习惯握笔为止，使喷笔好像是手的一部分，就能得心应手操作自如。如图 4-14 所示。

水平握姿，用于喷洒垂直的画面

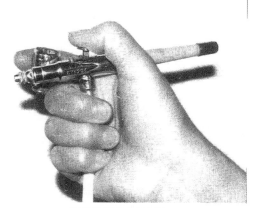

拇指按压按钮的握姿

喷笔垂直的握姿，用于定点喷洒

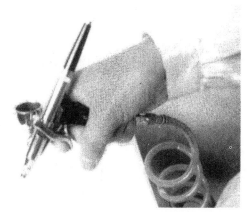

喷笔前倾的握姿，用于平面喷洒

图 4-14　喷笔的握持方法

3．喷绘不良情况及预防

喷洒技巧不熟练，喷笔针体不直，喷嘴有缺口或喷嘴内残留颜料，压缩空气内含有水分，颜料颗粒太粗等原因都会造成喷绘的不良情况。产生不良情况的原因和预防办法如下：

（1）颜料太稀，揿按钮用力太大会出现这种痕迹。预防办法：颜料调好后，先进行试喷，如果太稀，必须调到适当浓度，试喷到满意为止。

（2）定点喷洒时，喷出点不圆，可能是喷针轻微弯曲，喷嘴口有损伤或者技法不熟练。

（3）喷洒时突然把针后退，停止空气，留在喷嘴里的颜料一下子喷出来。

（4）空气压力太低，颜料粒子粗，颜料溶液太浓，会出现粗点。

（5）喷嘴太靠近纸面或者揿按钮用力太大，喷出颜料的量太多。有时喷嘴不圆或者损伤都会出现这种蜈蚣状的图形。

（6）空气压缩机里送过来的空气含有水分，突然喷出水迹。

（7）揿按钮用力不稳，对喷笔运用不熟练，颜料溶液太浓会出现断断续续的情况。

（8）喷斗里颜料装得太满，喷笔一旦进行垂直喷洒，颜料溢出斗外，造成疵点。

4．喷绘技法

（1）平面喷洒，首先调好喷笔，在其他纸上试喷，看看喷洒效果如何，如颜料颗粒是否细腻，颜料溶液的稠稀是否恰当。平面喷洒容易产生画面不匀的现象，喷画色彩的色点都处于并置或重叠状态，如果无方向的乱喷，画面就会出现深浅不匀的效果。所以在平面喷洒时，喷笔距纸面距离不能太近，要保持喷洒方向一致，依次一遍遍地顺序进行。

（2）点和线的喷洒，较难掌握，一定要反复练习，才能做到手腕运用自如。喷点时，以另一只手稳住持笔的手腕，喷笔保持垂直，可喷洒出理想的圆点。画线时，喷笔与纸面要保持一定的距离，揿按钮时用力要固定不变，然后圆顺地移动手腕，能喷绘出理想的线条。

喷笔线条的表现还可以借助于槽尺，喷出自然、柔和、准确的线条。弧线的喷洒，可借助于各种有圆形边缘的生活用品作工具，如铝质锅盖、碗具、茶杯盖等，喷笔沿圆形某一用品边缘的凹槽进行喷洒，可以喷出理想的弧线。

（3）晕纹喷洒。包括单色晕纹、复色晕纹两种。

①单色晕纹，是由浅色开始喷洒。操作时可将喷笔握持后，向后倾斜45°左右，由上至下或由左至右轻度挥动腕部喷洒，喷笔和纸面距离可视喷洒的面积和形状作适当的调整。经多次重复喷洒，画面的色彩由浅到深，形成退晕的渐变层次。若要画面产生粗粒子色点的晕纹，可以提高颜色浓度，将气压降低即可喷成理想的特殊效果。如图4-15所示。

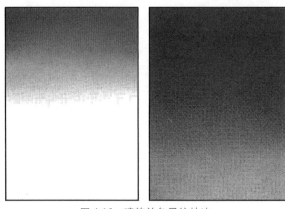

图4-15　喷笔单色晕纹技法

②复色晕纹，一般是先喷浅色，由浅到深顺序进行。色与色之间要避免沾染，应以型板界定第一道色的范围，但型板不能紧贴画面，否则将会喷出明显的色彩界线。并以此法喷完其他各色，就能完成一张复色晕纹的画面。如图4-16所示。

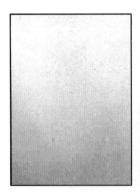

图4-16　喷笔复色晕纹技法

（4）立体形喷洒，要掌握素描明暗画法的基本知识。运用五大调子进行喷涂，其中亮部和中间层次属于受光部，明暗交界线、反光和投影属于背光部，这是物体受光后产生的基本明暗调子。不管物体形体起伏和光线条件多么复杂多变，也不会改变这五个调子的基本排列顺序。球形的喷洒，顺其圆的结构弧形运笔，根据受光面的变化，不断变换喷距和力度，把握好亮部、中间层次、明暗交界线、暗部、反光这几个晕面的和谐与完整。如果某一处喷洒密度不匀，圆球形的立体感效果就会减弱。如图 4-17 所示。

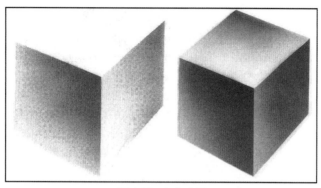

图 4-17　立体喷洒

（5）反弹喷洒法，是一种以折射方式间接喷绘的技法，是近距离地将颜料喷到在画面旁另一块竖起的板面上，少量的颜色粒子反弹到画面上所需喷洒的部位。这种喷画方法可以喷出细小的晕纹块面和朦胧的线条，形成其他方法达不到的特殊效果。喷洒时，应将喷笔倾斜使喷嘴朝向遮挡模板的下方进行近距离的喷洒，少量的颜料粒子反弹到纸面，就可以形成细小的晕纹块面。在喷绘朦胧的直线、弧线或曲线时，可用直线尺、量角器或曲面模板等工具进行反弹，具有良好的效果。

（6）粗点喷洒法，喷笔不但能喷绘出细腻、无笔触的色彩晕面，必要时，也可喷洒出较粗的晕纹块面。进行粗点喷洒时，关键是要减低气压或控制在微弱的气压下进行，粗点晕面效果一定良好。如果在调色时，相应地将颜料调合得稠些，加上低气压，喷洒效果会更好。另外，如果换上破损的喷嘴和扭曲的喷针，亦可喷出不规则的粗点，可形成另一种特殊效果。如图 4-18 所示。

（7）悬空、垫高喷洒法，这类喷洒要有硬质的模板为辅助工具才能进行，喷洒时模板与纸面应保持一段距离。悬空喷洒时一般用左手握住模板，将模板按构思的要求灵活改变与纸面的距离。模板与纸面距离越远，喷洒形成的轮廓越模糊，反之则轮廓清晰、明确。垫高喷洒法原理与悬空法相同，喷洒时只是在硬质的模板下面再垫以其他物体，使模板与纸面保持一段距离，然后进行垂直喷洒，这种喷洒法可出现均匀而朦胧的喷洒效果。如图 4-19 所示。

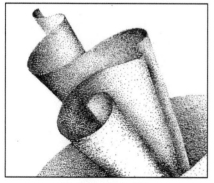

图 4-18　粗点喷洒

图 4-19　悬空喷洒

（8）遮挡物喷洒法，各种遮挡物的喷洒是用自然物作为模板的喷洒方法。由于遮盖物的多种复杂结构及不规则的造型，喷绘的艺术效果是任何手工刻模都难于实现的，这种喷洒方法大大的增加了喷画造型的表现效果，用途极为广泛，可以表现出多种自然肌理及色彩微妙变化的虚幻和神秘感。

①棉花、丝绵、织物遮挡喷洒。将棉花用手撕成所需形状,放在卡纸上,左手手指压住棉花,右手握住喷笔,沿棉花边缘进行喷洒。喷洒后,形成局部清晰、局部模糊而理想的云形;用厚薄不匀的丝绵铺于画面,然后用极细的尼龙丝网覆盖,尼龙网边缘用镇尺压住,可以喷出理想的大理石花纹;多种结构、纹理的织物也可作为遮挡物来进行喷绘,形成意想不到的特殊艺术效果。

②花草、树叶、枝干遮挡喷洒。平时收集一些优美的树叶、花草,将其压平干燥后作为喷洒时的模板之用,喷洒后可呈现自然花草生动优美的形态,新颖而别具情趣。在喷绘写实花卉时,可用风干压平的自然花草、树叶覆盖作背景处理,形成有主有次、有虚有实的丰富而生动的画面。如图4-20所示。

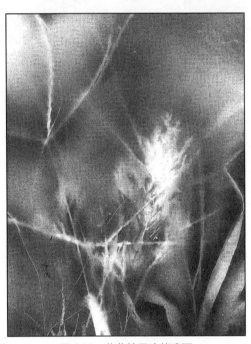

图4-20　花草枝干遮挡喷洒

③其他用具遮挡喷洒。各种几何形模板、剪刀、夹子等物的自由组合,经喷洒后可形成充满新意的多种画面;要喷绘毛感的物体,如头发、皮毛等质感,可借助于毛刷、油画笔、棕刷等用具进行喷洒。可以探索喷绘技法,进行创新,不断大胆尝试使用各种用具遮挡,会产生意想不到的新颖别致的画面效果。如图4-21和图4-22所示。

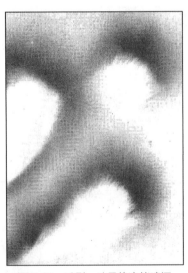

图4-21　毛刷、油画笔遮挡喷洒

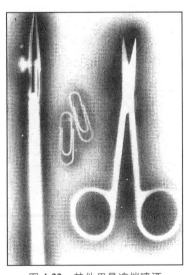

图4-22　其他用具遮挡喷洒

5．喷绘顺序

（1）构思，是指创作之前的思考与酝酿。画面构图需要构思，艺术形象的塑造也需要构思。

（2）起稿，无论用哪中一种素材进行喷绘创作，都是离不开素描稿，素描稿是喷绘物象，型板制作的重要依据，也是喷画过程中不可缺少的图像依据。素描稿经过几次修改后定稿，将描图纸覆盖上面，用铅笔将物象的内部形态和外部形态准确地用单线描绘出来。需注意轮廓线的准确，不可有丝毫含糊之处，否则制作型板时将发生误差，影响喷绘工作的顺利进行。线描稿中还必须确定光源的位置和色彩的部位，也可以略施明暗和色调，以便于色彩喷绘。

（3）型板制作，油纸是最常用的型板材料，把油纸（或透明胶片）覆盖在线描稿上，在线描稿和覆盖材料之间夹一张透明胶片，以保护线描稿，刻刀刻线时不会使线描稿割断、碎裂。刻刀依据透过来的轮廓线，直接刻下各种形，刻下来的形我们称它为正形，留在油纸上（或胶片上）的形称为负形。刻型板前，油纸的正反面都需用清洁的湿毛巾轻轻地擦干净，以防油纸上的污点或油迹污染画面，并且要把刻下的正形注意保存。如果用自粘胶膜为型板材料，则先将自粘胶膜粘住喷画纸的一端，再用排笔向两边挤压，以此排除空气，防止产生气泡和绉折，使胶膜紧贴纸面。然后依照轮廓线用刻刀切割图像。切割时酌量用力，既不能伤及纸面，又要一次切断。喷色时，逐片撕下自粘胶膜进行喷洒，完成一片喷一层保护胶，使喷好的颜色不受损伤，把撕下的自粘胶膜重复粘上，保护好完成的画面。以此类推。

（4）转描，刻好型板之后，将卡纸裱在画板上就可把线描稿上的图像转描到卡纸上去。转描的办法：以软质铅笔涂在线描稿描图纸背面有花纹的部位，用棉花擦试均匀，这样可去掉铅笔的浮色，使其附着一层铅笔粉末，拷贝时又不沾污画面。然后将线描稿反过来，放在卡纸上，用铁笔或硬质铅笔依图像的轮廓线描绘后，线描稿上的图像就转移到卡纸上去了。必须注意的是：铁笔描稿时用力要适度，不能太猛，以免卡纸上留下深深的描稿凹痕，影响画面的美观。转描时，也必须把规矩点一起转描到卡纸上，以便于喷绘。

（5）喷绘，把刻好的型板和卡纸上的规矩点对准，逐张逐张地进行，并应根据线描稿上的色彩、明暗，先喷浅色，后喷深色。喷洒时要做到心中有数，局部宁可喷洒得用色量不足，留有余地，以便调整整体色彩关系。初步喷洒完毕时，画面要进行调整，应描绘的地方，要用毛笔细心加工描绘。如果画面要喷底色，需刻一张图形外轮廓的型板，贴到已转描好的卡纸上，然后喷底色，喷毕，揭去外轮廓型板，再依照上段所述的喷绘方法进行图形的喷绘。

4.5　马克笔与彩铅表现图技法训练

4.5.1　马克笔表现图技法

要想熟练地掌握并运用马克笔，须遵循一定的练习方法和步骤，由简单到复杂，循序渐进。通过大量的练习，培养"手感"，积累对于用笔、用色、不同处理手法的心得与体会，以促进对于马克笔表现技法的深刻认识和牢固掌握，并逐步形成自己的表现习惯与风格。马克笔的表现具有很强的规律性，只有在掌握表现规律的基础上，合理运用表现技法才能将马克笔的特性得以充分地发挥，将空间、色彩、明暗、体积等效果表现到位。如图 4-23 所示。

图 4-23　马克笔手绘表现图

1. 单色叠加平涂

同一支马克笔重复涂的次数越多，颜色就越深（尤其是水性马克笔）。但过多的重叠次数，会使色彩变得灰暗和浑浊，水性马克笔还会损伤纸面。如图 4-24 所示。

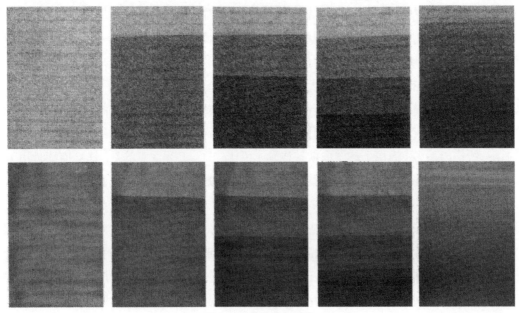

图 4-24　单色叠加平涂

2. 同色系渐变平涂

马克笔色可分为数个色系。而各色系中马克笔色都有渐变的色彩种类。有时为了使描绘的主题更真实而细致，须对物体的明暗进行渐变渲染。渲染时，在两色的交界处可交替重复涂绘，以达到自然融合、过渡。如图 4-25 所示。

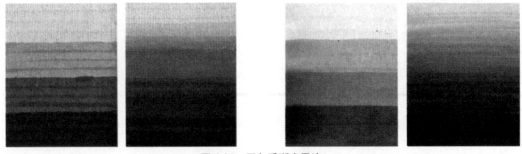

图 4-25　同色系渐变平涂

3．多色叠加混合

多种颜色相互叠加时，可产生一种不同的色彩效果，增加画面的层次感和色彩变化。但颜色种类也不宜过多，否则将导致色彩沉闷呆滞。如图 4-26 所示。

图 4-26　多色叠加混合

4．多色叠加渐变

马克笔画中，经常会有不同色系色彩渐变的效果。在涂绘渐变之前，先选择适当的色彩进行搭配，以避免色彩之间的不协调感。渲染时，可选择色彩渐变的湿画法，也可采用两色笔触相互渗插的干画法，以达到自然过渡。如图 4-27 所示。

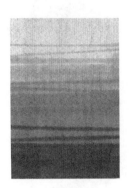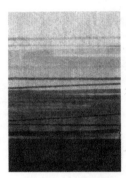

图 4-27　多色叠加渐变

5．浅色融合深色

马克笔因其颜色透明，一般只能遵循由浅色到深色的先后程序铺色，用笔的次数或颜色的重叠多了，容易导致画面变脏。但如果先涂深色，趁其未干，再以浅颜色去"融合"深颜色，所混合叠加的颜色变化微妙，处理得当甚至还可以达到"虚幻"的效果。这种方法可获得马克笔特有的肌理效果，拓展了表现技巧和手法，为马克笔表现图带来独有的效果和画面的厚重感，也增加了欣赏价值。如图 4-28 所示。

图 4-28　浅色融合深色

6．线条与笔触

马克笔有粗细不同的多种笔头，用笔的轻重变化也会绘制出不同效果的线条、笔触。线条与笔触是构成马克笔表现图技法的最基本单元。线条的直曲变化、疏密组合、粗细搭配，不仅使画面产生主次、虚实、疏密、对比等效果，还可以传达凝重、理性、轻快、跳跃等情感。肯定、干净、流畅是马克笔线条的基本要求和特点。由于马克笔的笔触生硬，难以有浓淡和轻重之分，且下笔后不易涂改，只有单向的覆盖能力，这就要求作画者必须在下笔之前对描绘对象的结构、体块穿插关系、造型细节有清晰明确的认识，考虑好下笔的位置以及笔触、线条间的组织方式。下笔之时果敢大胆，一气呵成。若不能熟练地控制线条、笔触的长短曲直和粗细变化，不能合理地对线条、笔触的排列组合关系进行协调统一，那么在表现过程中很可能出现线条、笔触破坏画面的整体感，影响空间和形体的整体塑造等问题，画面效果也难如人意。因此只有掌握了线条、笔触的表现技法之后，在处理建筑、景观、室内表现图时才能做到胸有成竹，笔随心动。马克笔的线条和笔触是极富魅力和变化的造型元素。在绘制马克笔建筑画的过程中，可根据不同的内容灵活选用不同的表现手法。常见的线条笔触画法有下面几种，如图 4-29 所示。

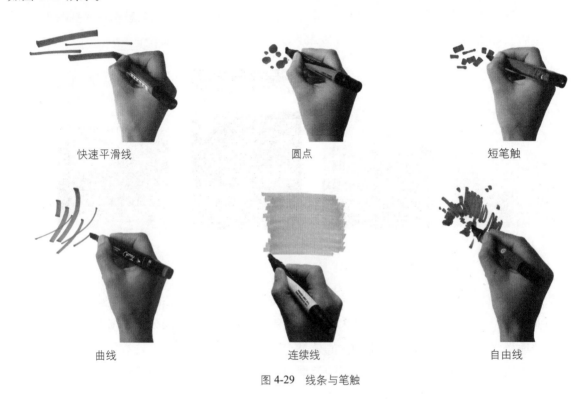

| 快速平滑线 | 圆点 | 短笔触 |
| 曲线 | 连续线 | 自由线 |

图 4-29　线条与笔触

（1）快速平滑线：线条直且具有速度感，肯定流畅，多用于快速画法中表现物体界面明暗和色彩的过渡关系。常以宽线条和细线条相结合，穿插进行。此类线条传达出清晰明了的视觉效果，画面爽快大方，具有一定的视觉张力。

（2）圆点：油性和酒精马克笔因渗透力较强，使用时，笔尖在纸面上停留一定的时间，使颜色逐渐渗透到纸面上形成圆点。一幅马克笔表现图，如果在以肯定生硬的线条、笔触为主的画面中适当穿插这种圆点，可柔化画面，丰富马克笔的表现性。

（3）短笔触：运笔缓慢有力，笔触较短。通常以成组排比的方式塑造物体，或用于强调物体的明暗交界处，是较为常用的一种笔触。

（4）曲线：线条富有动感，流畅而富于变化。应注意方向的转换承接，使曲线不至于单一。

（5）连续线：快速往返用笔，连续排线形成较大面积的色块，多用于表达物体或建筑的体块及天空等。这种用笔手法可以使表现的色块表面笔触融合、过渡均匀。

（6）自由线：用笔自由、随意，是马克笔线条、笔触运用到一定熟练程度的结果。不受固定规律限制，多用于快速表现画法，须具备较好的画面控制能力方可运用。但一般情况下自由线在画面中不应出现太多，或者"自由"中还需带有一定的次序性，否则容易导致画面散乱。

4.5.2　彩铅表现图技法

彩色铅笔色彩层次细腻，易于表现丰富的空间轮廓，色块一般用密线排成面绘成，利用色块的重叠，产生丰富的色彩。如图 4-30 所示。

图 4-30　彩铅手绘表现图

1．绘画技巧

（1）尽量少用擦除工具。彩色铅笔由于色彩比较柔和，虽然易于擦除，但擦多了会使画面有软弱无力之感，而且比较脏。

（2）彩色铅笔不要削得过尖，画的时候很容易折断。

（3）用短线条来加强所画物体的轮廓。

（4）为了画出某个物体清晰的轮廓，可以用一张纸适当遮挡来进行绘制，或者采用让短线在三角板或者直角尺的边缘止住的方法。

（5）有时候为了获得特别的纹理，可以在绘图纸下垫上一层粗糙而有肌理的材料，然后用彩铅绘图。如图 4-31 所示。

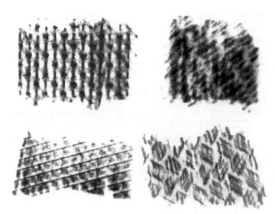

图 4-31　彩铅肌理技法

（6）可以采用较软的擦除工具擦除某个区域的方法，以利于产生高亮区域，如天空中的云彩或水纹。

（7）彩铅上色一般从最浅的颜色开始，然后逐渐过渡到深色。

（8）当选择了某种颜色做主色，就要在图中所有物体上适当应用它。

（9）运用颜色对比的画面会产生活跃的效果。比如，给树加点红色，给天空加点橙色，给米黄色的空间加个紫色等。

（10）尽量多用深色调的色彩，而避免使用浅色，以便尽可能获得最逼真的效果。

（11）用彩色铅笔画较深的颜色时要注意以腕部用力，一个地方的上色遍数不宜过多，否则会有打滑、上不了色的尴尬。

（12）最后，用黑色铅笔或钢笔画出轮廓，并添加细节。在重点区域仔细描画，将颜色调深，以产生生动的效果。

2．绘画技法

（1）排线，画一系列相近的平行线，创造出一个色调区。要达成更大的深度，只要增加线条的宽度和浓度。如图 4-32 所示。

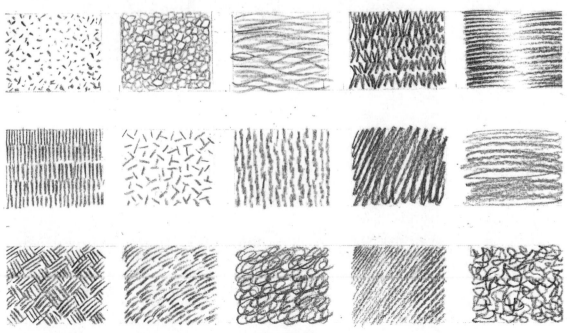

图 4-32　彩铅笔法

（2）交叉排线，依照排线的方式，画两组或三组平行线，彼此交叉，创造出更浓厚的色调和色度。

（3）羽化，不断轻扫画笔，画出一个色调区域或色彩区，在其上可以使用同一种颜色或其他颜色，而原来的笔触仍可以显示出来。

（4）混色，一层层加上不同颜色，每次上色的手劲都不同，以营造出多样的色泽与色调。如图4-33所示。

图 4-33　彩铅技法

（5）点画，为了创造出闪亮的效果，点出各种大小、浓度和颜色的点。适合小幅绘画。

（6）刮色，可以在沾湿的纸上，用刀刮铅笔尖，让笔屑落在潮湿的纸面上，可用多种颜色增强效果。

（7）涂刷，水溶性铅笔可以和水融合在一起，有淡彩的效果。使用时可以把笔尖削下笔屑与水调和，也可以在纸面上排涂色块后再与水调和。如图4-34所示。

图 4-34　水溶性铅笔效果

（8）抹擦，用手指抹擦有颜色的部位，使排线模糊，增强体快感。如图 4-35 所示。

图 4-35　彩铅抹擦

4.6　综合实例分析

4.6.1　水粉表现图实例分析

水粉手绘表现图有厚画和薄画两种。厚画如图 4-36 所示，画笔水分适中，绘制出的颜色浓度饱和，一般来说是先画大面积颜色，再画小面积颜色，最后是提点高光；从深浅上来说，先画深色或浅色关系不大，因为水粉的覆盖能力很强，除了红色、紫色游离性较强的颜色外，都可以进行覆盖，如果遇到红色、紫色需要覆盖时，用水先洗去颜色，纸干后重新绘画即可。无论什么时候，高光都是点睛之笔，最后再画。

图 4-36　水粉厚画

水粉薄画如图 4-37 所示，用笔模仿水彩效果，画笔水分饱满，绘制出的颜色有透明度，但由于水粉颜料本身就是一种复合颜色，所以绘画的效果虽然透明，却不会像水彩那样鲜艳透亮。

图 4-37　水粉薄画

4.6.2　水彩表现图实例分析

水彩手绘表现图色彩通透，颜色亮堂，绘画时要注意留白处理，否则就要用水粉颜料覆盖修补。如图 4-38 所示，水彩与水粉两种颜料可以混合使用，但不要大面积用水粉铺盖，使用过多的水粉覆盖会失去水彩画的意义，画面色彩也会变得污浊不透气。

图 4-38　水彩画

4.6.3 透明水色表现图实例分析

透明水色手绘表现图颜色与水彩很像，透明程度更高，颜色非常鲜艳，颜色调配混合不易过多，否则会出现脏色。表现手法与水彩区别不大，绘制效果也很接近。如图4-39所示。

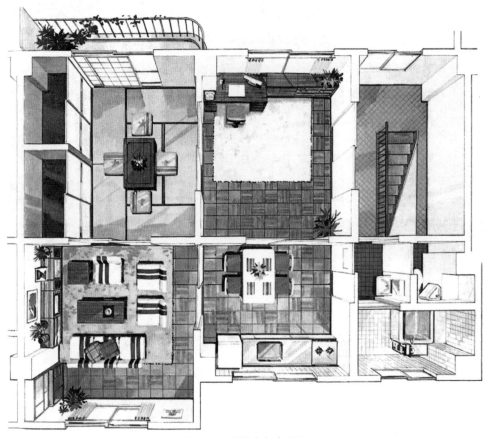

图4-39 透明水色表现图

4.6.4 色粉笔表现图实例分析

色粉笔手绘表现图有个特点就是涂抹，用布、手指或手纸均可。色粉笔的颜色之间不能融合，颜色叠加后不等于颜色调和，用涂抹的方式可以打乱颜色分布，产生调和的错觉。如图4-40和图4-41所示。色粉笔的绘画前景很好，可以不断进行创新，例如，用色粉笔加水，会产生厚实的颜料效果。

图4-40 色粉笔表现图一

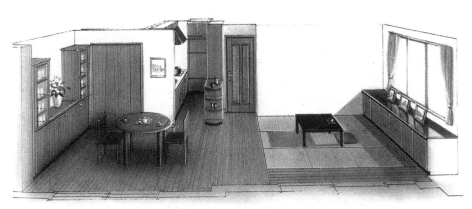

图 4-41　色粉笔表现图二

4.6.5　喷笔表现图实例分析

喷笔手绘表现图喷绘时，一定要灵活用笔，保持画面的透气性。如果喷涂过实，将无法弥补，只能重新再来。如图 4-42 所示，空间的光影关系，虚实变化，渐变手法都是长时间，大量练习的结果。

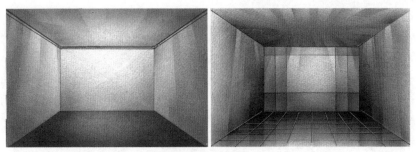

图 4-42　喷笔表现

4.6.6　马克笔表现图实例分析

马克笔手绘表现图应用范围十分广，室内外均适合。早先的马克笔绘制出的表现图有一定的局限性，是由于受到马克笔特定笔头的影响，绘制出的表现图细节表达不够细腻，如图 4-43 和图 4-44 所示，随着人们的不断探索，逐渐克服了这一弊端，马克笔可以绘制出非常丰富的画面，材质的表达也在不断的创新中，如图 4-45 至图 4-49 所示。

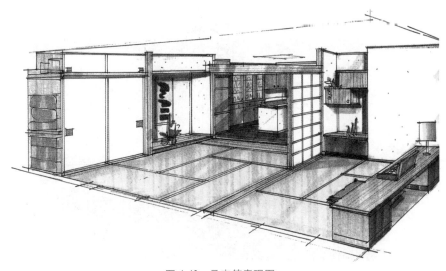

图 4-43　马克笔表现图一

图 4-44　马克笔表现图二

图 4-45　马克笔表现图三

图 4-46　马克笔表现图四

图 4-47　马克笔表现图五

图 4-48　马克笔表现图六

图 4-49　马克笔表现图七

4.6.7 彩铅表现图实例分析

彩铅手绘表现图，像铅笔一样，能够绘制出多层次灰度，但从整体角度来说，彩铅表现图的画面还是偏灰，如图 4-50 和图 4-51 所示，最好能够与其他技法结合使用。如图 4-52 所示，就是彩铅运用自己细腻的笔触来填补马克笔及水笔的不足，是综合技法手绘表现图。

图 4-50　彩铅表现图一

图 4-51　彩铅表现图二

图 4-52　综合表现图

4.7　思考与练习

1．水粉有哪些技法？

2．水粉薄画法与水彩的区别？

3．什么是透明水色？

4．使用色粉笔有哪些技巧？

5．水彩与透明水色的区别？

6．马克笔的局限性有哪些？

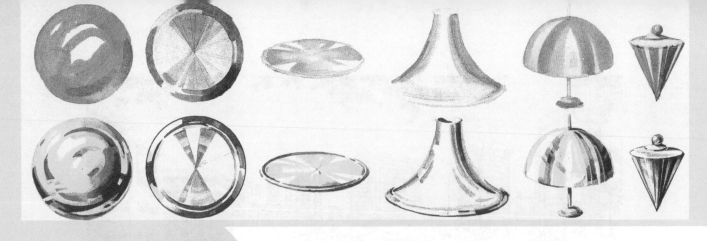

第 5 章　手绘表现图材质表现技法训练

手绘表现图中涉及各种装饰材料，它们在一幅画中往往处于十分注目显眼的位置，直接影响表现图的真实性与艺术性，在基础训练中将它们作为重点进行，较为充分、细致、深入地刻画，从而掌握表现它们的各种手段和规律。

5.1　木材质表现技法训练

室内外装饰中木材质的使用是最为普遍的，它加工容易，纹理自然而细腻，与油漆集合可产生不同深浅、不同光泽的色彩效果。木材质可以装饰室内的地面、天花和墙面，还可以做成室内外家具摆放等。木材质绘制是手绘表现图中应该熟练掌握的技法。

5.1.1　木材质的特性

1. 木材质的分类

木材的树种很多，按树叶的不同，可分为针叶树和阔叶树两大类。

（1）针叶树。树叶细长如针，多为常绿树，树干通直而高大，纹理平顺，材质均匀，木质较软而易于加工，故又称"软木材"。常用的装修装饰树种有红松、落叶松、云杉、冷杉、杉木、柏木等。

（2）阔叶树。树叶宽大，叶脉成网状，大多为落叶树，树干通直部分一般较短，大部分树种的体积密度大，材质较硬，较难加工，故又称"硬木材"。有的硬木加工后有美丽的纹理，适用于室内装修、制作家具和胶合板等，常用树种有榉木、柞木、水曲柳、榆木以及质地较软的桦木、椴木等。

2. 纹理与颜色

（1）表现图中的木纹刻画带有象征性，在此强调几个描绘要点：

①树结状，以一个树结开头，沿树结作螺旋放射状线条，线条从头至尾不间断。

②平板状，线条弯曲折变而流畅，排列疏密变化节奏感强，在适当的地方作抖线描写。

（2）木材的颜色因染色、油漆等可发生异变，大致分成：①偏枣红色，如红木、柚木等；②偏黄褐色，如樟木、柚木等；③偏黑褐色，如核桃木、紫檀木等；④偏乳白色，如橡木、银杏木等。同种类木材质颜色上也会有差异，如图 5-1 所示。

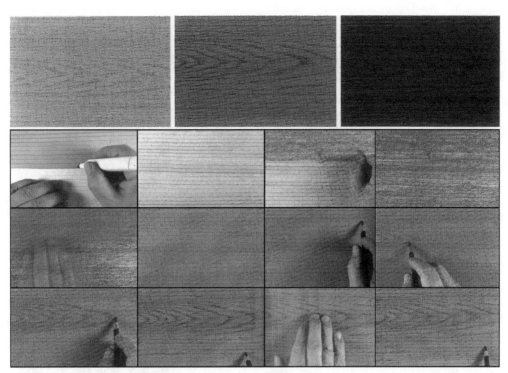

图 5-1　桧木纹理技法

5.1.2　木材质表现技法实例分析

木材质最明显的就是自然的纹理和偏暖的色调，如图 5-2 所示。上过清漆的表面有一定的反光能力，但远不及镜面、不锈钢和玻璃等，只是在材质的转折部位呈现少许高光。木材质的表现可以先刻画出基本色调，然后趁颜料未干之际，画出木纹。木纹的表现要含蓄，疏密得当。如要表现上过清漆的木材质，可以画出少量的反光，以显示其光泽感。如图 5-3 所示。

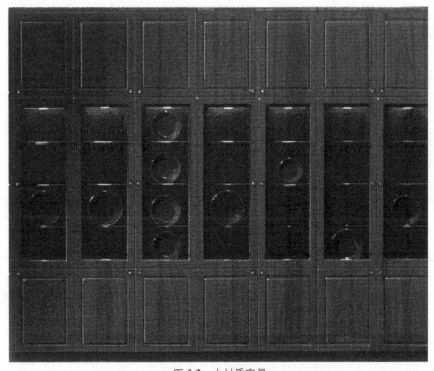

图 5-2　木材质家具

图 5-3　上过清漆的木材质家具

5.2　金属材质表现技法训练

金属材料具有强度高、塑性好、材质均匀致密等特点。其闪亮的光泽、坚硬的质感、特有的色调和挺拔的线条在室内外装饰中光彩照人，美观雅致。

5.2.1　金属材质的特性

1．常用金属材质

（1）不锈钢，表面光洁度较好，类似镜面。常用来包柱或制成边框。

（2）铜，在室内外装饰中已被广泛应用。如楼梯的扶手、门把手、铜板饰面等。

（3）铝合金，质轻，易着色，有较好的装饰性，在室内外装饰中用途较广，如铝合金门窗、铝合金装饰板、铝合金龙骨等。

2．金属材质表现

（1）在表现不锈钢材质时，基本上用环境色来表现。不锈钢折射的部分，颜色一般比较深，中间部分基本上表现的是环境色，高光部分基本上用白色表现，如有灯源，高光可调入灯源色。不锈钢可以用宽窄不一的垂直线条来表达，环境色的表达不宜过多，否则会画碎，出现零乱感，减弱体积感。

（2）在表现铜材质时，除了要注意本身的固有色外，还要注意反射出的环境色和高光。铜材质反射出的环境色，必须含有铜的固有色，高光色彩也带黄色。环境色不能过分强调，尤其是亚光或没有进行抛光的铜材，可以根据造型体积关系和色彩的冷暖关系来表现。

（3）铝合金的表面光泽度不高，反射环境色不明显，一般表现时，不要用太多的对比色，用同色系的较灰颜色表达明暗足以，可稍微提点灰白色高光。如图 5-4 所示。

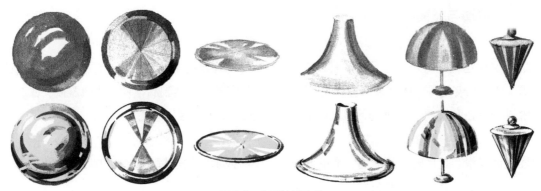

图 5-4　金属材质技法

5.2.2　金属材质表现技法实例分析

目前，建筑室内外装修中不锈钢及金属材料的使用十分普遍，为了在表现图中更好地表现其材质特征，要掌握以下几个要点：

（1）不锈钢表面感光和反映色彩十分明显，仅在受光与反射光之间略显本色，抛光金属几乎全部反映环境色彩。为了显示本身形体的存在，作图时可适当地、概念地表现其自身的基本色相，如灰白、金黄等，以及形体的明暗。如图 5-5 和图 5-6 所示。

图 5-5　马克笔表现金属技法

图 5-6　不锈钢柱子

（2）金属材料的基本形状为平板、球体、圆管与方管，受各种光源影响，受光面明暗的强弱反差极大，并具有闪烁变幻的动感，刻画用笔不可太死，退晕笔触和枯笔快擦有一定的效果。背光面的反光也极为明显，特别注意物体转折处，明暗交界线和高光的夸张处理。

（3）金属材质大多坚实光挺，为了表现其硬度，最好借助槽尺，快捷地拉出率直的笔触；使用喷笔，可利用垫高槽尺稳定握笔手势。曲面、球面形状的金属用笔要求果断、流畅。

（4）抛光金属柱体上的灯光反映及环景在柱体上的影象变形有其自身的特点，平时练习要加强观察与分析，找出上下左右景物的变形规律。

5.3　玻璃与镜面材质表现技法训练

玻璃与镜面都属于同一基本材质，只是镜面加了水银涂层后呈照影效果。表面特征则有透明与不透明的差别，对光的反映都十分敏感，表面平整光滑。

5.3.1 玻璃与镜面材质的特性

1．玻璃

玻璃是现代建筑室内外广泛采用的材料之一，其制品从建筑行业应用来说，有平板玻璃、装饰玻璃、安全玻璃、玻璃马赛克等。从软装饰应用来说，有玻璃制家具、玻璃制品摆件、玻璃器皿、玻璃灯具等。玻璃能够进行颜色和透明度的改变，但玻璃的致密、不透气的质感是遮盖不住的。

2．镜面

镜面表面光滑，具反射光线能力，常镶以金属、塑料或木制的边框。特征是映像清晰，反光强烈，质地密、不透明等，常见于家具材料。

5.3.2 玻璃与镜面表现技法实例分析

手绘表现图中的玻璃与镜面的表现用笔比较接近，主要差别是对光与影的描绘上：

（1）玻璃可以按室内外景物直接画好，然后在无形的玻璃墙面上依直尺画出几道白灰色的笔触，破掉部分室内外景象，以表示玻璃的存在。如图5-7和图5-8所示。

图5-7　玻璃表现技法

（2）镜面可以直接反映空间景物，两者之间的形状、色彩均保持透视关系上的对称性，对镜面上的景物也适当地作光影线表现。水粉画宜后加光影斜线的笔触，水彩、马克笔则应事先留出或者用笔洗出。

（3）顶棚由小块的镜面组成，光影的排列按透视消失线和镜片之间的分格线作垂直笔触，以显示小块镜面之间的微差，各镜面反映的形与色彩有适当差别。其反映的形象呈倒影关系、上下对称。

（4）镜面与玻璃墙上的光影线应随空间形体的转折而变换倾斜方向和角度，并要有宽窄、长短以及虚实的节奏变化，同时也要注意保持所反映景物的相对完整性。如图5-9所示。

图 5-8　玻璃材质细节

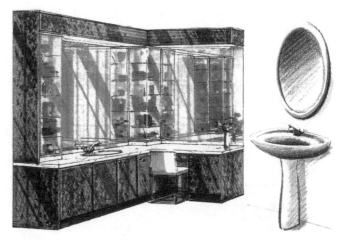

图 5-9　镜面表现技法

5.4　软性材质表现技法训练

5.4.1　软性材质的特性

软性材质在软装饰环境中应用得非常广泛，是人们生活中不可或缺的必需品。软性材质能够营造温暖、亲切、柔和的氛围。按用途可以分为被面、被套、枕套、枕巾、床单、床罩、毛毯、线毯、毛巾毯等床上用品；沙发套、椅套等家具布；窗帘、门帘、贴墙布、地毯、挂毯、像景、绣品等室内用品；台布、桌布、餐巾、茶巾、毛巾、浴巾、垫毯等餐厅和盥洗室用品；人造草坪等室外用品。

5.4.2　软性材质表现技法实例分析

1. 窗帘

窗帘是室内表现图中不可缺少的组成部分，它常常处在画幅显眼的位置，对空间的格调、情趣起着十分重要的作用。窗帘样式和用料多样，可以用不同的技法和方式表达。

（1）荷叶边式帘，因其边褶皱有如荷叶状而得名，上边横条表现的要点是布料收褶的起伏形状，帘幕斜垂及腰束处要交待清楚。水彩表现按退晕效果留出高光，逐步加深暗部，最后画阴影衬出反光，加重下部颜色以表现光照强弱的变化。

（2）帘幔式帘，是将各段布的两端头缩紧，形成一连串的中间下垂半圆形状。绘画时可先用浅色铺出上浅下深的基调，随后用中明度颜色画半圆形状的不受光面，再用较深的颜色画明暗转折和影子，随即反光显现。最后调整上下明暗变化，对布幔上部突出的半圆形受光面用白色提出高光，增强顶光照射的感觉。

（3）悬挂式帘，是一种灵活性强、制作简便的布帘装饰。横杆中间结束，两头上搭并使尖角下垂，轻松自然，着色程序类似水彩，先浅后深，整体刻画一气呵成，可靠住直尺用彩铅笔画出褶皱的拱曲效果。

（4）下垂式帘幕，是室内最为普遍的一种形式，在窗帘盒内设导轨，悬挂的帘幕自然下垂。面料多为有份量的丝、麻织品，用水粉表现时先铺出上明下暗的帘幕基调，再利用槽尺竖向画出帘幕上的褶皱，趁第一道中间色未干时接着画第二道暗部里的阴影和圆筒状褶皱上的明暗交界线，然后在受光面上提高光，并画出随帘幕褶皱起伏的灯光影子，最后画压在帘幕上的窗帘盒的边缘亮线。如果要在帘幕上刻画花纹时，便可在已画好的帘幕上随褶皱起伏描绘图案，图案不必完整，色度须随转折而变化明暗。

（5）垂式布帘，用马克笔表现时，先用马克笔或钢笔勾画形象，用浅色画半受光面和暗面，留出高光，再用深色画褶皱的影子和重点的明暗交界线。用笔要果断，不拘泥于微细之处。如图5-10所示。

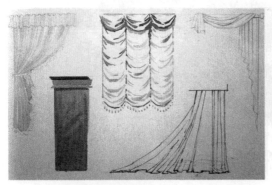
窗帘表现技法步骤一

窗帘表现技法步骤二

窗帘表现技法步骤三

图 5-10　窗帘技法从左至右依次为水彩、水粉、水粉、马克笔、彩色铅笔

（6）白色纱帘，使居室显得华贵高雅，它不会影响光的进入，可给室外景色增添一层朦胧的诗意。其画法是：在按实景完成的画面上先画几笔竖向的深灰色，也就是纱帘的暗影，然后不均匀地、间隔性地用白色拉竖条笔触，颜色可干一点，出现一些枯笔味的飞白，对后景似遮非遮，最后对有花饰的地方和首尾之处加以刻画，体现白纱的形体。

2. 餐桌与地毯

（1）餐桌，可分为方形、圆形两种，桌布的表现重点在转折皱纹上。方桌桌布褶皱多集中于四角，呈放射状斜向下垂，圆桌桌布的褶皱沿圆周边缘分散自然下垂。绘画时强调用笔画线的方向与形体转折保持一致。

（2）地毯，质地大多松软，有一定厚度感，对凸凹的花纹和边缘的绒毛可用短促、颤抖的点状笔触表现。地毯分满铺与局部铺设两种。满铺作为整体的地面衬托着所有的家具、陈设，在画面上起着十分重要的衬景作用。刻画的重点是顶光照射的亮部与家具下面落影的对比。局部铺设是指在室内地面的空间划分中起地域限定作用或者专门设置于沙发中间，茶几之下和过道之上的地毯。两种铺设表现的重点是各类地毯的质地和图案，图案的刻画不必太细，但图形的透视变化要求准确，否则会影响整幅画面的空间与稳定。如图 5-11 所示。

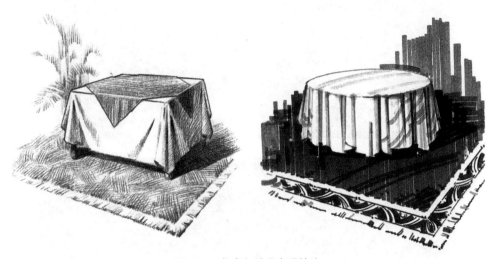

图 5-11　餐桌与地毯表现技法

3．床上用品

床上用品一般由枕头、床单、被罩等组成，质地为纯棉或丝棉，易于起皱。刻画方法与窗帘及面料沙发有相似之处，可以根据受光和背光关系，表现出床的体积块面。床面一般表现得比较平整，床罩两侧的下垂部分可以适当画一些褶皱，床罩上的图案纹样要根据床的体积来画，色彩上要有明暗和冷暖的变化。画床罩的时候，要表现出纺织品的柔软感，用笔不能过硬、过挺，转折处要适当的有过渡变化。如图 5-12 所示。

图 5-12　床上用品表现技法

4．皮革

皮革有人造革、仿皮、真皮等。应用在室内的沙发、椅垫、靠背以及墙面软包上，其面质紧密、柔软、有光泽。表现时主要以材料的固有色为主，可以根据高低、远近，适当地找一些颜色变化，根据不同的造型、松紧程度运用笔触。软包材质都要内衬海绵材料，这种材料的软包面在转折处和压条处，都显得比较柔和，往往有高光出现，高光色一般呈光源色。如图 5-13 所示。

图 5-13　皮革表现技法

5.5　砖石材质表现技法训练

5.5.1　砖石材质的特性

砖石被广泛的应用在地面、墙面和柱子上。大理石材质较软，纹理美观如图 5-14 和图 5-15 所示。花岗岩质地较坚硬、耐磨，经加工后，光洁度好，如图 5-16 所示。石材质经过抛光后较坚硬、表面光滑、色彩沉着、稳重，纹理自然变化呈龟裂状或乱树权状，深浅交错，有的还为芝麻点花纹。

图 5-14　大理石

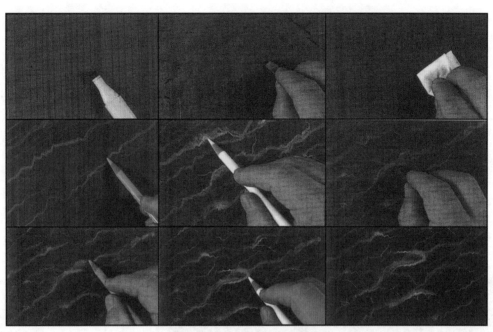

图 5-15　大理石表现技法

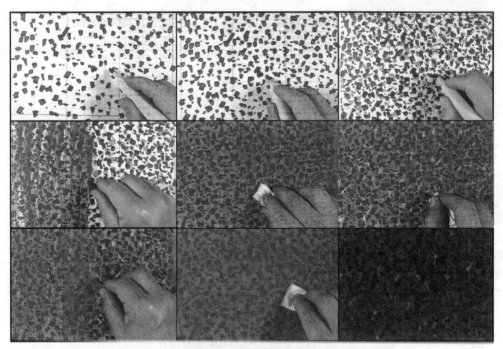

图 5-16　花岗岩表现技法

5.5.2　砖石材质表现技法实例分析

（1）红砖墙，涂刷红砖底色不可太匀，并有意保留斜射光影笔触，用鸭嘴笔按序排列画出砖缝深色阴影线，然后在缝线下方和侧方画受光亮线，最后可在砖面上散点一些凹点，表示泥土制品的糙犷感。

（2）卵石墙，以黑灰色为主，再配以其他色彩的灰色，强调卵石砌入墙体后椭圆形的立体感。高光、反光及阴影的刻画必不可少，光影线应随卵石凸出而起伏。

（3）条石墙，外形较为方整，略显残缺，石质粗糙而带有凿痕，色彩分青灰、红灰、黄灰等色，石缝不必太整齐，可用狼毫毛笔颤抖勾画。

（4）砌石片墙，以自然石片堆砌，砌灰不露，石片之间缝隙尤为明显，宽窄不等，石片端头参差尖锐。根据以上特点，上色时用笔应粗犷、不规则，以显自然情趣。

（5）五彩石片墙，比自然石片稍为规则，大多经加工选形后砌筑，形状、大小、长短、横竖组合，错落有致。上色时，注意色彩变化。石片之间分凸、凹勾缝两类，凸缝影子在缝灰之下，凹缝影子在缝灰之上。利用花岗石或大理石的边角废料贴石片墙的表现方法与五彩石片墙基本相似。

（6）釉面砖墙，是一种机械化生产的装饰材料，尺寸、色彩均比较规范，表现时须注意整体色彩的单纯，墙面可用整齐的笔触画出光影效果，近景刻画可拉出高光亮线。如图 5-17 和图 5-18 所示。

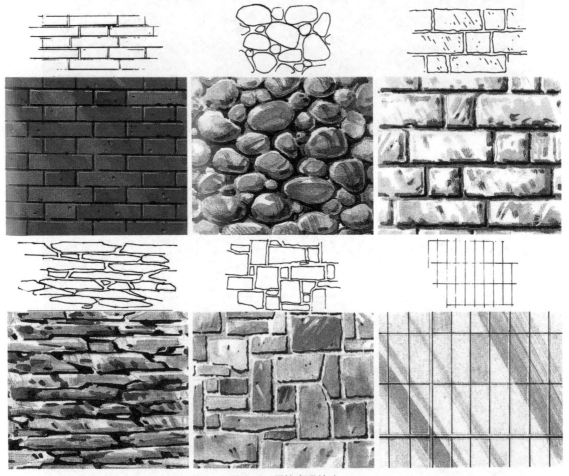

图 5-17　石墙表现技法

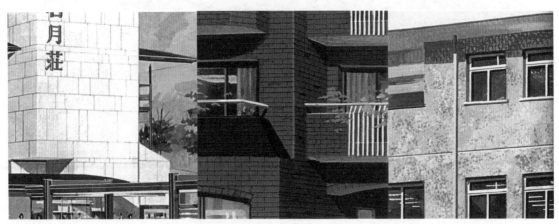

图 5-18　砖石墙体表现

5.6　综合实例分析

物体的材质表现要结合光影关系进行，一般分为受光部分、背光部分、过渡部分、阴影部分及高光，无论是什么样的材质，只要遵循受光原则，绘制出的物体就会立体感很强。如图 5-19 所示。材质表现还会受到环境色的影响，在具体表现图绘制中要把周围环境中存在的颜色加入进去，使主要表达物体融入环境，画面统一协调，如图 5-20 所示。

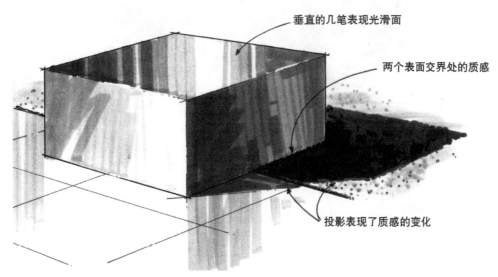

图 5-19　材质的光影关系

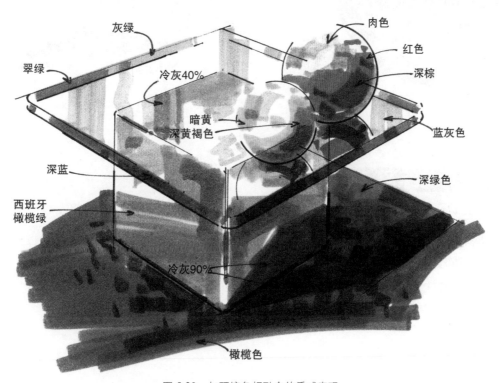

图 5-20　与环境色相融合的质感表现

每种材质都有自己独有的特征，我们要抓住本质，无论物体的形状如何改变，我们都可以表现出来，如图 5-21 和图 5-22 所示。在表现面积较大的物体材质时，可以忽略材质的细小纹理，只表现出整体颜色效果及光影关系，如图 5-23 所示。

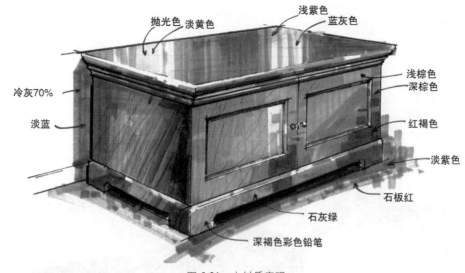

图 5-21　木材质表现

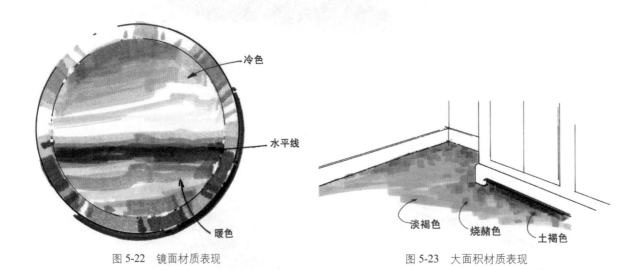

图 5-22　镜面材质表现　　　　　　　图 5-23　大面积材质表现

5.7　思考与练习

1．如何表达木材质？绘制五张不同纹理的木材质。

2．金属表现技法有哪些？绘制三种不同的金属材质。

3．玻璃材质与镜面材质的区别有哪些？

4．餐桌与地毯软性材质间如何表现？

5．花岗石与大理石纹理的区别？如何进行表达？

第 6 章　手绘表现图局部表现技法训练

6.1　景观表现技法训练

6.1.1　植物表现技法分析

由于植物的种类繁多，形态千变万化，可以先将其分类，了解植物的生长规律及其形态类别是画好植物的前提。总体上我们可以把植物分为乔木、灌木、草本花卉、藤本植物等几大类，如图6-1和图6-2所示。对于建筑环境表现而言，高大的乔木和低矮的灌木是常见的表现题材，从树冠形态上我们可以将其分为球形、半圆球形、扁球形、长球形、圆锥形、圆柱形等。如图6-3所示。

图 6-1　草本植物

图 6-2　灌木

图 6-3　乔木表现技法

就画面整体而言，我们可以将建筑环境中的植物分为远、中、近三个层次。把握好三个层次之间的关系可以很好地起到烘托环境氛围的作用，体现空间的纵深。因此，要根据不同的层次，运用不同的表达方法。

远景树木需要概括处理，可以勾勒其形状后，用平涂的方法为其添色，通过隐约可见的树木轮廓来终结视线。

中景树木应根据其生长规律来表现。是画面植物中重点要表现的部分，需要重点刻画树冠的明暗关系。刻画时，不仅要考虑树木的固有色，而且还要考虑整体的环境对它的影响。

近景树木常设置在画面的某个角落。通过树叶形态来生动地反映树种。通常用相同的笔触表现不同的树叶形态，如：阔叶用圈绕的曲线，针叶用放射状成簇的短直线等。树的逆光效果也要表达，可以增强画面的纵深感。

6.1.2　水体表现技法分析

水能增加画面的灵气。平静的湖面使人心灵宁静，跳跃的喷泉会引起人情绪上的变化。因此，许多作品都有水的元素，来增强画面效果。水的元素包括反光池、水池、湖、喷泉、瀑布和河流等。这里将分为静水和活水，如图 6-4 和图 6-5 所示。

图 6-4　静水　　　　　　　　　　　　　　　　　　　　　图 6-5　活水

1．静水

（1）用垂直短线画水中的倒影，用平行短线表示如镜的水面。

（2）用适当的垂直短线或者水平短线画水面时，应该用白色蜡笔或者白色铅笔在水面上以相反的方向画短线，描绘反光效果。

（3）在一个水池的平面图中，如果水池是用蜡笔渲染的，可用擦除器以 45°角擦除水池表面以产生反光效果；如果水池是用马克笔渲染的，可用白色蜡笔在上面描出反光。

（4）可用蜡笔或者喷笔来渲染大面积的水，如湖泊，添加上阴影，以显示水的深度感。

（5）用调和的色彩，使水面产生明暗渐变。在草图中，背景经常被涂以深色。

（6）在水中添加其他类型的配景，如游泳者、在湖面航行的小船等等，这样的水面更具生活气息。学会运用颜色对比，如添加上穿着橘黄或者红色游泳衣的游泳者，与蓝色的湖面相映成趣。如图 6-6 所示。

图 6-6　水体表现图

2．活水

（1）适用于绘制静水的关键技巧都适合于绘制活水。

（2）用不同大小的水泡、黑白点和曲线来表示波浪和波纹，同时也使画面更具动感和吸引力。

（3）如果是深色背景，喷泉和瀑布应以白色或者浅色为主，反之亦然。这样能让整个画面有很好的虚实效果。

（4）喷泉或者瀑布的垂直表面用浅色，水平的水面用深色，这样能突出水面的深度感和两者的深浅对比。

（5）沿水的边线画出一条狭长的留白，将水面与陆地面区分开来，留白可以不上色，也可着浅色。如图 6-6 所示。

6.1.3 交通工具表现技法分析

汽车在手绘表现图中，是常用的配景之一。在绘制过程中应遵循一点，就是无论是近处的汽车还是远处的汽车，我们都不必过分描绘汽车的细部与色彩，以免分散画面的注意力。在画近处的汽车时，可以表现一下汽车的内部构造，比如：坐席及方向盘的轮廓等。一定要先仔细观察汽车的内部构造，再以简洁的色彩、强劲有力的笔触，肯定地表现出汽车的质感。值得注意的是：车身各个面都是倾斜面或者曲面，没有一个是完全垂直或者水平的；而且棱角都是圆的。如图 6-7 所示。

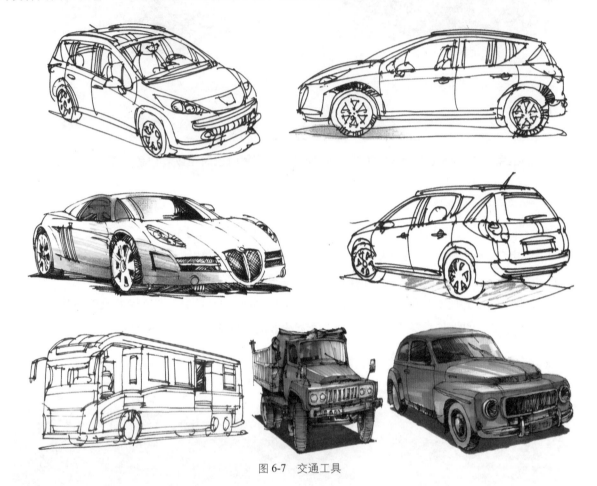

图 6-7 交通工具

行驶中的汽车能使画面产生动静的对比。驶向建筑主体物的汽车，则能引导画面的视觉中心。汽车的表现形式多种多样，在表现时应与画面的风格表现的一致。如图 6-8 所示。

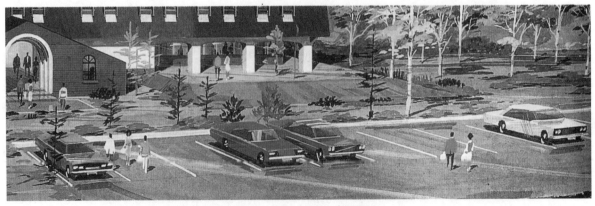

图 6-8 交通工具应用表现图

平时，我们可以用照相机拍摄下停车场或者街道上的车辆。当我们需要绘制一个特殊的场景或者用到交通工具的时候，找到它，开始描图，这也算是平时的一个积累。另外在濒水建筑环境中，常常以船舶表现水的动态以及繁忙的节奏；有的航空站、机场建筑表现图中还涉及方向角度各异的飞机，可以在平时注意收集这方面的素材。如图 6-9 所示。

图 6-9　汽车表现技法

6.1.4　天空表现技法分析

天空是手绘表现图中表现时间和气候的主要因素，不同的苍穹，会表达出不同的情调和意境。晴天白云，使建筑物显露在强烈的光照下，有闪烁夺目之感。朝雾晚霞，使建筑物沐浴在绚丽的彩云下，富于深沉稳重。无云天宇，使建筑物笼罩在平静的天幕下，显得平妥安祥。灯光夜景，或处处灯火闪烁，有繁花似锦之趣；或长空高悬夜月，有静谧安宁之感。除鸟瞰图外，画室外表现图，天空常在画面上占较大面积，故天空的配备，应与环境起呼应的作用。如图 6-10 所示。

图 6-10　天空表现图

造型简洁，体积较小的建筑物，周围无毗邻屋宇，无交错重叠的树木、道路等配景，可衬以丰富多变的云天，以增添画面的景观，润饰画面的色彩。造型复杂，体积庞大的建筑物，为突出建筑物的造型特征，除车辆人物外，一般不安置繁琐复杂的配景，仅衬以平和宁静的天空，以缓和内容纷纭的画面。某些商业建筑，为表示其繁华热闹的情景，以夜景加设人工布置的光线，使画面有灿烂缤纷的气氛。为表现某些特殊效果，或意欲突出建筑物某些特征，有时使云彩也作透视表现，与建筑物向同一方向消失，使画面有很强烈的透视感。天空虽在表现图中占较大的面积，但总是起陪衬的作用，避免过分强调，造成喧宾夺主。

6.1.5　综合实例分析

景观表现图的景深很重要，画面的纵深空间感表达要依靠前景、中景、远景之间的对比关系来协调。前景绘制一般较详细，也可以画的比较写实，如图 6-11 所示。中景可以绘制得较概括，分出主要明暗面，外形轮廓能体现出物体形态即可，如图 6-12 所示。远景绘制要虚，起到陪衬的作用，要能够深入到画面最里面去，色彩不要过于丰富，变化不宜过多，形体要抽象概括，如图 6-13 所示。

图 6-11　植物近景

图 6-12　植物中景

图 6-13　天空远景

6.2　室内陈设表现技法训练

6.2.1　家具表现技法分析

家具是室内空间环境不可缺少的客观元素，家具是反映空间特征的主体。家具能产生丰富的空间组合效果，同时也为室内的氛围确定基调。在狭窄的空间内，可调整家具的摆放以减少空间的局促感。如图 6-14 所示。

图 6-14　家具表现图

绘画家具的技巧如下：

（1）绘画家具不能通过简单的临摹图例来完成，而是应先设想家具是一个具有透视的立体物，然后按照透视规律把它放在透视图的合适空间。

（2）用红色铅笔粗描家具，然后用黑色钢笔画出家具的轮廓。先用浅色调渲染家具，留出空白。然后用深色来获得明暗渐变，产生阴影和高光。最好从有关杂志和书本中收集家具图片并编辑成册，这将有助于我们进行绘画与设计。一个与空间的装饰格调和风格很匹配的家具，能够增强表现图的效果。绘画家具要以组合的形式放置，随意放置可能会导致画面整体组合的混乱。渲染时，要采用颜色对比、明暗渐变等技法，利用阴暗面、阴影、点和条带等创造画面效果，家具装饰纹理很复杂，绘画时要注意整体效果。如图 6-15 至图 6-17 所示。

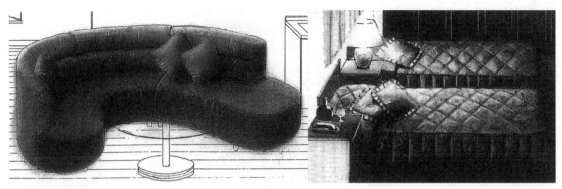

图 6-15　家具材质表现

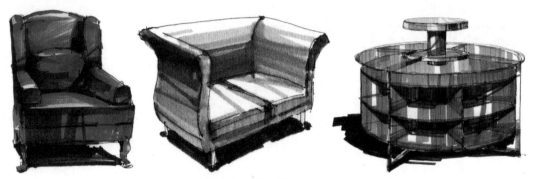

图 6-16　沙发与茶几表现图

图 6-17　椅子表现图

6.2.2　灯具表现技法分析

几乎所有的室内表现图都离不开灯与光的刻画。灯具的样式及其表现效果的好坏直接影响整个室内设计的格调、档次。特别是吊灯、顶灯往往都是处于画面特别显眼的地方，舞厅、卡拉 OK 厅的各色光束是创造环境氛围必不可少的条件。如图 6-18 所示。卧室或书房里的局部光源更能体现小环境的温馨与静谧。灯光的表现主要借助于明暗对比，重点灯光的背景可有意处理得更深一些。灯具本身刻画不必过于精细，因大多处于背光，要利用自身的暗来衬托光的亮度。

图 6-18　灯具应用表现图

光与影相辅相成，影的形态要随空间界面的折转而折转，影的形象要与物体外形相吻合。一般情况下，正顶光的影子直落；侧顶光的影子斜落，舞厅里多组射光的影子向四周扩散，斜而长，呈放射状。发光源的光感处理除了靠较深的背景衬托外，还可借助喷笔的特殊功效进行点喷或用牙刷进行局部喷弹也有近似效果，还可在光源处厚点白色并向四方画十字形发射线。如图 6-19 所示。

图 6-19　灯具表现图

6.2.3 其他陈设品表现技法分析

其他陈设主要指墙壁上装饰物，如书画、壁挂、时钟等；案头摆设如：花瓶、古董、鱼缸、水杯等，如图 6-20 所示。这些东西都显示设计的情趣，在渲染环境方面起到画龙点睛的作用。具体处理上应简单明了，着笔不多又能体现其质感和韵味，要在静物写生基本功练习的基础上，强调概括表现的能力。如图 6-21 所示。

图 6-20　陈设品应用表现图

图 6-21　陈设品表现图

6.2.4 花卉表现技法分析

为了获得大自然的生机，将室外生长的绿叶植物与花草引入室内已是平常之事。设计上它们是主体中的点缀和陪衬，在画面构图上起着平衡画面空间重力的作用。比如：在画面近角偌大的一个沙发靠背旁，或在一根感觉过分夸张的大柱子侧边，伸出三两支扇状的蒲葵，或婀娜多姿的凤尾竹，既增添了室内的自然情趣，又起到了压角、收头、松动画面的效果。

由于植物构成较为零碎，形态变化也难掌握，虽是配景但居画面前端，因最后这几笔处理欠妥而破坏了整幅画的事也常有。因而，总结一两套程式化的表现绿化的手段还是十分有用的。下面介绍几种常用的植物与花草的表现程序。如图 6-22 和图 6-23 所示。

图 6-22   花卉线描

图 6-23   花卉表现图

6.2.5   综合实例分析

室内陈设表现在手绘图中占有重要的位置，是烘托室内环境，营造气氛，突出风格，彰显气质的关键所在。以陈设为主体的表现图在绘制过程一定要注重形体透视的准确性，材质表达以及陈设品之间的比例关系，如图 6-24 所示；陈设品在室内起陪衬作用的表现图中，陈设品的绘制要概略，最好能够融入到表现图大环境中，不要突出跳跃，如图 6-25 所示。

图 6-24   陈设品表现图

图 6-25　陈设品应用

6.3　人物表现技法训练

表现图中点缀人物可以显示环境的规模、功能与气氛。然而，人物毕竟是一种点缀，不可画得过多，以免遮掩了设计的主体造型。一般在中、远景地方画上一些与场景相适应的人物，讲究比例的准确，不必刻画面部和服装细节。而近景必须画人时要有利于画面构图，虽然可能刻划面部，但不必有过分表情，服饰及色彩也不必过分鲜艳，以免喧宾夺主。

6.3.1　单人表现技法分析

人物的表现，可以根据画面的需要，采取写实性或者象征性的图案造型来描绘。尤其是在着色时，应该特别注意颜色的统一。如果画面不需要对配景特别的强调，可以画出大体轮廓即可，不需要上色，或者简单的平涂颜色即可。如果你不擅于绘制脸庞的话，就不要犹豫了，让你的人物背向观众。只为前景的人物绘制面容；背景的人物可以将细节忽略到最少，只需要画出人物的轮廓即可。如图 6-26 所示。

图 6-26　单人比例

　　我们通常把画面中的人物拉长，与现实中的人物有所差别。人体的比例是设计过程中比例尺度的主要参照物，没有人物，表现图中的空间尺度就会缺乏真实感，缺乏说服力，同时比例也就无从谈起了。如图 6-27 所示。

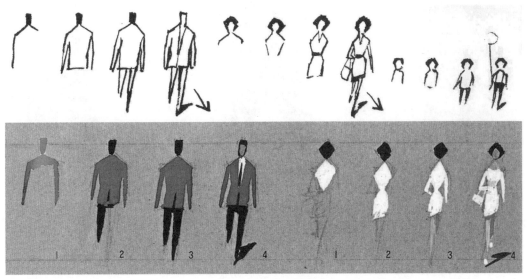

图 6-27　单人表现图技法

　　线条人物可以从书中找到，书中有大量不同姿势和在不同环境下的人物，比较典型的是站立的一个人或者是两个人。人物的照片可以在杂志中找到，也可以用照相机拍摄自己感兴趣的主题。如果遇到了特殊的动作要求，你可以让你的家人、邻居或者是朋友摆好你需要的姿势，并拍摄下来。也可以花一个下午的时间抓拍商场或者闹市街区的人群，将他们留作资料，以供后用。如图 6-28 和图 6-29 所示。

图 6-28　人物速写练习

图 6-29　人物各角度

6.3.2　多人表现技法分析

　　表现图中人物的着装及人物的动作，对建筑物的功能有很大的说明作用，例如成群成组的人物适合表达繁荣、热闹的空间，在广场设计和中心区设计的效果图中常被采用；而少量的人物配景则传达出安静、温馨的空间氛围。如图 6-30 至图 6-32 所示。

图 6-30　远景人物表现

图 6-31　中景人物表现

图 6-32　近景人物表现

　　为了避免画面过于呆板孤立，人物在表现图中出现最好是成群成对，相互联系。一来成为增加画面构成的连续性的要素，引导视线贯穿整幅画面；再则也使环境氛围更加贴近现实。人物摆放的位置尽量避免遮挡空间中的重要部分，有时也可利用层叠原理来表现空间进深。如图 6-33 所示。

图 6-33　人物在表现图中的应用

6.4　思考与练习

　　1．绘制 10 张植物，对比植物之间的特征。

　　2．静水与活水的区别？表现时应注意的要点是什么？

　　3．对比交通工具与人的比例关系，绘制五张交通工具表现图。

　　4．天空与水的表现技法有哪些不同？

　　5．绘制五张单体家具表现图，再绘制五张组合家具表现图。

　　6．绘制五组不同造型的灯具表现图。

　　7．绘制三组近景、中景、远景的人物表现图。

3

综合实训部分

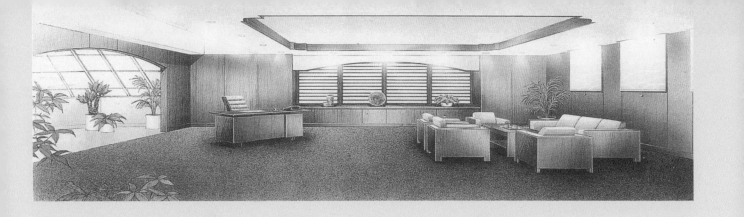

第7章　室内手绘表现图技法实训

7.1　卧室手绘表现图技法实训

7.1.1　相关作品实例

1. 作品一

马克笔表现图整体性强,色调统一,与补色面积对比恰到好处,地面去掉弧度用笔,表现效果会更好。如图 7-1 所示。

图 7-1　卧室表现图作品一

2. 作品二

彩铅为主马克笔为辅的表现图透视准确,绘画角度处理灵活。马克笔弥补了彩铅过灰、重色的缺陷,使画面看起来清爽明朗。如图 7-2 所示。

图 7-2 卧室表现图作品二

3．作品三

喷笔技法表现图，写实能力很强，材质表现细腻，氛围控制的很到位，对光影关系的处理自然。如图 7-3 所示。

图 7-3 卧室表现图作品三

4．作品四

综合技法表现图，运用油画棒绘制的地毯，织物质感强烈，由近及远逐渐变小的碎纹地毯有透视导向性。如图 7-4 所示。

图 7-4　卧室表现图作品四

7.1.2　实训要求与训练目的

1. 实训要求

根据自己的卧室绘制一张表现图，表现手法不限。要求线稿绘制详细，材质表达充分，透视形式可以根据室内陈设进行选择。

2. 训练目的

主要训练物体的材质表达。以写实手法绘制，强调室内空间各物体之间的材质对比，画面的明暗关系要适当加强。

7.1.3　课题实例分析

1. 课题分析

卧室的主要功能是满足睡眠，床、床头柜、衣柜、梳妆台等家具，床头灯、窗帘等陈设是主要表达的对象，在手绘表现时要分清主次，不要喧宾夺主。床的表现，多为软性织物的表达，手法多样，以表现出质感为好。其他软材质表现与床体织物相呼应，可以增强画面的统一性。

2. 课题过程

课题任务在 2 天内完成。

第一天：收集素材，可以是照片、画报、手稿等形式。组织画面内容，绘制出素描稿。

第二天：利用透台或透桌转印素描底稿，绘制着色表现图。如果用水粉水彩绘制，要求裱纸。课题实例如图 7-5 至图 7-7 所示。

7.1.4　课题外延

手绘表现图技法多样，每个人都有不同的表达方式，无论如何表达，准确的透视、合理的空间安排以及符合功能性是摆在首位的，其次是气氛烘托、材质表达以及植物点缀。如图 7-8 所示。

图 7-5　卧室表现图实例一

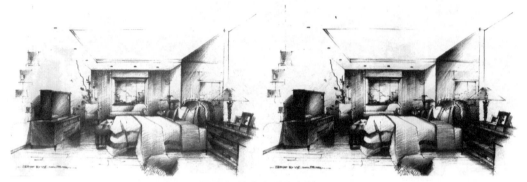

图 7-6　卧室表现图实例二

图 7-7　卧室表现图实例三

图 7-8　卧室马克笔表现图

7.2　起居室手绘表现图技法实训

7.2.1　相关作品实例

1.作品一

水性马克笔为主,局部运用了彩铅,提点的高光部分使整个沉闷的空间显得较生动,使用得恰到好处。刚性的直线条和自由的徒手绘画线条的对比解决了画面的呆板。如图 7-9 所示。

图 7-9　起居室表现图作品一

2.作品二

马克笔绘制的成角透视表现图。画面红色的沙发是主体,侧重表现,点缀的绿叶与之相衬活跃了画面。空间和家具的转折线加粗处理,加强体积感。如图 7-10 所示。

图 7-10　起居室表现图作品二

3．作品三

马克笔快速表现图，属于设计草图。画面用简单的轮廓线绘制出设计想法，简单着色，体现出明暗关系即可。如图 7-11 所示。

图 7-11　起居室表现图作品三

4．作品四

标准的平行透视，马克笔色粉笔技法表现图，用水粉提了高光。画面色调统一，表达较充分。如图 7-12 所示。

图 7-12　起居室表现图作品四

5．作品五

彩铅表现图。用大片留白手法提亮整幅画面，暗部的处理采用底稿细化再着色手法，局部加了马克笔压色。如图 7-13 所示。

图 7-13　起居室表现图作品五

6. 作品六

　　水彩表现图。画面底稿绘制的较细致，笔触运用的简洁大方。水粉湿画法也可以达到同样的效果。如图 7-14 所示。

图 7-14　起居室表现图作品六

7. 作品七

　　马克笔表现图。画面主要以底稿线条的多样性来活跃画面，简单的罩色，符合明暗关系即可。这种画法要注意整体性和块面感，否则会使画面凌乱。如图 7-15 所示。

8. 作品八

　　水粉表现图。画面物体质感表达与对比是重点，光影处理得当，细节表达到位。如图 7-16 所示。

图7-15 起居室表现图作品七

图7-16 起居室表现图作品八

7.2.2 实训要求与训练目的

1.实训要求

运用多种表现技法绘制表现图。要求物体自身各面的明暗关系和物体与物体之间明暗关系处理得当，画面色调统一性，气氛活跃。

2.训练目的

单个物体受光不同明暗关系也不同，处于整体空间环境中，多个物体之间也存在明暗变化和色彩变化，在变化中把握大局，控制整体统一性是一幅作品和谐与否的关键。可以采用虚实变化调整画面。

7.2.3 课题实例分析

1.课题分析

起居室也叫客厅，是家居空间中会客、休闲、交流、娱乐等的场所。主要家具是沙发和茶几，主要装饰部位是背景墙和天花。起居室还可以摆设各种装饰品、博古架、植物以及影音设备等。在绘制表现图的时候要突出设计主题，表达设计个性。

2. 课题过程

课题任务在 2 天内完成。

第一天：收集素材，可以是照片、画报、手稿等形式。组织画面内容，绘制出素描稿。

第二天：利用透台或透桌转印素描底稿，绘制着色表现图。如果用水粉水彩绘制，要求裱纸。课题实例如图 7-17 至图 7-20 所示。

图 7-17　起居室表现图实例一

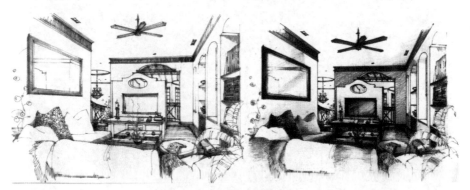

图 7-18　起居室表现图实例二

图 7-19　起居室表现图实例三

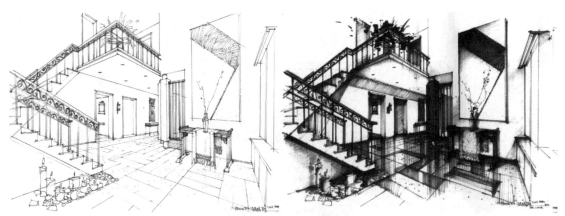

图 7-20   起居室表现图实例四

7.2.4   课题外延

起居室的设计表达可以说是一个家庭最能体现主人身份、品味与生活习性的地方。可以通过光感的表达渲染室内陈设，绘制时要注意光影的统一性，不要画花了。如图 7-21 所示，是一张非常细腻的写实手法水粉表现图。光影处理得当，画面明暗运用娴熟。

图 7-21   起居室水粉表现图

7.3　商业空间手绘表现图技法实训

7.3.1　相关作品实例

1. 作品一

马克笔彩铅综合表现图。画面暖色调为主，空间感强，纵身虚实变化掌握得很好，人物造型有个性，起到了点缀的效果又不特别显眼。如图 7-22 所示。

图 7-22　商业空间表现图作品一

2. 作品二

写实手法水粉表现图。侧重点在画面下部，中部与上部的刻画逐渐简单，概括。如图 7-23 所示。

图 7-23　商业空间表现图作品二

3．作品三

水粉表现图，局部用了喷绘。效果与作品二类似。如图 7-24 所示。

图 7-24　商业空间表现图作品三

4．作品四

水彩表现图。画面透视复杂，处理手法理性、准确，空间感强烈，是一幅难得的优秀作品。如图 7-25 所示。

图 7-25　商业空间表现图作品四

5. 作品五

色粉笔表现图。这张作品是一幅速写表现图，用笔灵活大胆，有很强的绘画功底，随主观意愿着色，整幅画别有韵味。如图 7-26 所示。

图 7-26 商业空间表现图作品五

6. 作品六

钢笔淡彩表现图。与作品七类似，是记录性质的速写。如图 7-27 所示。

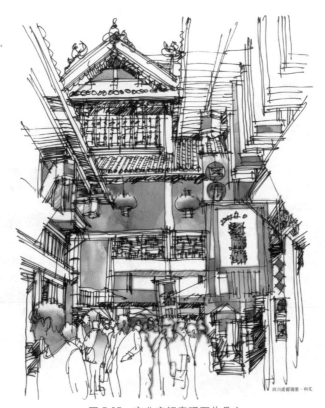

图 7-27 商业空间表现图作品六

7．作品七

水彩表现图。空间框架体现出设计特色，重点刻画在上颜色的画面中间部分。与上下部分疏密对比协调，整幅画面有节奏感。如图7-28所示。

图7-28　商业空间表现图作品七

8．作品八

水粉表现图。为商场空间的入口处，画面分近景、中景和远景，刻画表达细腻，人物丰富。如图7-29所示。

图7-29　商业空间表现图作品八

9．作品九

透明水色表现图。画面明快，功能表达清晰，商业氛围烘托较好。如图 7-30 所示。

图 7-30　商业空间表现图作品九

7.3.2　实训要求与训练目的

1．实训要求

表现图技法不限，要求合理构图，控制好画面主次关系，较大的商业空间场景层次分明；要有适当的配景，配景要与主题呼应，但是不能喧宾夺主。

2．训练目的

训练画面整体掌控能力，一幅优秀的表现图要经过大量的绘画练习才能达到运用自如，笔随心意。画面的构图、造型、透视、主次、虚实、比例、对比等都是画面的组成要素，如何运用这些要素，处理好画面关系十分重要。

7.3.3　课题实例分析

1．课题分析

商业空间的主要功能是提供商品交易的活动场所，大致可以分为消费媒介、体验场所以及交流空间。在表达时可以侧重环境的烘托，公共艺术形象表达，色彩、材质、灯光以及图形表现起到重要作用。

2．课题过程

课题任务在 3 天内完成。

第一天：收集素材，可以是照片、画报、手稿等形式；到各种商业环境中体验空间氛围，感受气氛；

第二天：组织画面内容，绘制出素描稿；利用透台或透桌转印素描底稿。

第三天：绘制着色表现图。如果用水粉水彩绘制，要求裱纸。课题实例如图 7-31 所示。

7.3.4　课题外延

商业空间的建筑艺术性与装修样式是吸引顾客的手段，表现图绘制时可以首先表达出空间的框架结构，体积感与份量感；鲜艳的色彩运用在商业空间中随时可以看到，起到吸引顾客的作用；人物多少的点缀与空间形成对比，有力说明了购物的环境氛围；植物的摆放起到休闲放松的作用。如图 7-32 所示。

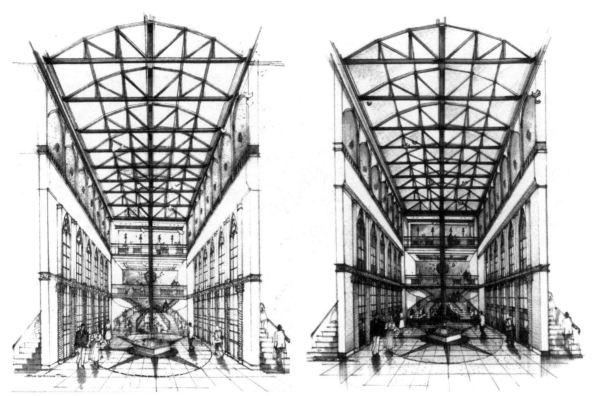

图 7-31　商业空间表现图实例

图 7-32　商业空间水粉表现图

7.4　餐饮空间手绘表现图技法实训

7.4.1　相关作品实例

1. 作品一

水粉表现图。画面构图完美，色调和谐，地面质感表达烘托出整幅画的氛围，是很优秀的一张作品。如图 7-33 所示。

图 7-33　餐饮空间表现图作品一

2. 作品二

马克笔表现图。地面技法表现有点睛作用。如图 7-34 所示。

图 7-34　餐饮空间表现图作品二

3. 作品三

马克笔表现图。用色简单，手法干练。如图 7-35 所示。

图 7-35　餐饮空间表现图作品三

4. 作品四

很有意思的一张表现图。纸张用深色有色纸定下色调，画面上局部马克笔笔触，白色提亮亮部以增加整幅画的明度，是常用的有色纸画法。如图 7-36 所示。

图 7-36　餐饮空间表现图作品四

5. 作品五

水彩表现图。画法较保守，地面上的碎点在考虑近大远小的基础上，再加上近疏远密效果会更好。如图 7-37 所示。

图 7-37 餐饮空间表现图作品五

6. 作品六

彩铅表现图。绘制的是夜景的室内，表现角度新颖，手法细腻，质感表达到位。是很好的彩铅作品。如图 7-38 所示。

图 7-38 餐饮空间表现图作品六

7. 作品七

透明水色表现图。画面明朗透亮，充分发挥出透明水色特长，冷暖对比协调，面积对比恰到好处。如图 7-39 所示。

图 7-39　餐饮空间表现图作品七

8. 作品八

水彩写实表现图。像照片一样表达出餐饮空间布局，属于长期表现技法，要求手绘功底扎实。如图 7-40 所示。

图 7-40　餐饮空间表现图作品八

9. 作品九

水粉表现图。较老的一种绘制方法，几乎没有笔触应用，多用平涂技法和渐变技法绘制，餐桌椅绘制的很经典。如图 7-41 所示。

图 7-41　餐饮空间表现图作品九

10. 作品十

水粉表现图。画面严谨，没有多余笔触，传统水粉画技法。如图 7-42 所示。

图 7-42　餐饮空间表现图作品十

11．作品十一

水粉表现图。透视有一定难度，座椅的角度绘制有多个灭点。植物的近景与远景表达符合近大远小、近实远虚、近亮远暗规律。如图 7-43 所示。

图 7-43　餐饮空间表现图作品十一

12．作品十二

水粉表现图。较传统的一幅水粉技法作品，强调光影关系。如图 7-44 所示。

图 7-44　餐饮空间表现图作品十二

7.4.2　实训要求与训练目的

1．实训要求

绘制餐饮空间表现图，绘画技法不限。要求画面明暗关系准确，光影处理得当；多光源表达，合理处置受光面和背光面关系。

2．训练目的

通过光影明暗变化加强立体空间塑造能力。光源导致阴影和物体各组成面的色彩、明暗差异，有了这些变化，才能体现物体的立体感和空间存在。

7.4.3　课题实例分析

1．课题分析

餐饮空间是人们就餐的场所，根据服务内容可以分为宴会厅、快餐厅、零餐餐厅、自助餐厅等；还可以根据地域、气候、习性等分成中餐厅、西餐厅，以上都是以就餐为主。而咖啡厅、酒吧等休闲娱乐类餐饮空间以饮品为主。绘制表现图时，可以根据不同的功能需要，着重表达餐饮环境。

2．课题过程

课题任务在 3 天内完成。

第一天：收集素材，可以是照片、画报、手稿等形式。可以亲身体验快餐店、自助餐厅等就餐环境，感受氛围，体会心得。

第二天：组织画面内容，绘制出素描稿，利用透台或透桌转印素描底稿。

第三天：绘制着色表现图。如果用水粉水彩绘制，要求裱纸。课题实例如图 7-45 所示。

图 7-45　餐饮空间表现图实例

7.4.4　课题外延

餐饮空间的风格、布局表现十分重要，东方有中式风格、日式风格、韩式风格、泰式风格、印度式风格等；西方有英式风格、法式风格、俄式风格、美式风格、意式风格、西班牙式风格等。风格、布局各异，造就的环境气氛就不同，表达的就餐内容也不同。多多体会，定位风格，是绘制出好的餐饮空间表现图的前提。如图 7-46 和图 7-47 所示。

图 7-46　餐饮空间水彩表现图

图 7-47　餐饮空间马克笔表现图

7.5　办公空间手绘表现图技法实训

7.5.1　相关作品实例

1．作品一

快速马克笔表现图。绘图简洁大方，干净利落。如图 7-48 所示。

图 7-48　办公空间表现图作品一

2．作品二

综合技法表现图。空间感强，斑驳的光影处理得很有特色，近景处的植物绘制生动。如图 7-49 所示。

图 7-49　办公空间表现图作品二

3．作品三

水彩表现图。整幅画要体现的是建筑物的空间感，建筑物内部构造绘制明确，近景处的细致绘画并没有影响人们对建筑物构造的关注。如图 7-50 所示。

图 7-50　办公空间表现图作品三

4．作品四

水粉表现图。体现出了空间的庞大感，近景处人物的大小比例充分让人感受到空间的宽阔，较复杂的一张表现图作品。如图 7-51 所示。

图 7-51　办公空间表现图作品四

5．作品五

水粉表现图，局部用了彩铅。颜色运用得和很精细，略略几笔已经体现出空间氛围，主要色彩范围用在人物点缀上，看得出绘图者用了一番心思。如图 7-52 所示。

图 7-52　办公空间表现图作品五

6．作品六

综合技法表现图。地毯用了喷绘或是牙刷喷涂，植物的远近疏密再协调一点效果会更好。如图 7-53 所示。

图 7-53　办公空间表现图作品六

7．作品七

水粉与彩铅表现图。用水粉绘制出明暗，用彩铅的笔触丰富活跃画面，两种技法配合得很好。如图 7-54 所示。

8．作品八

喷绘表现图。明暗过渡细腻、婉转，画面透视有一定难度，冷暖对比较协调。如图 7-55 所示。

图 7-54　办公空间表现图作品七

图 7-55　办公空间表现图作品八

9．作品九

水粉表现图。画面颜色的轻重处理得很好，浅色的地面与深色的文件柜相映，沙发的质感表达很不错。如图 7-56 所示。

10．作品十

钢笔淡彩表现图。淡淡的着色，不影响空间框架的体现，配景人物的表达生动、多样，远近景比例恰当。如图 7-57 所示。

图 7-56　办公空间表现图作品九

图 7-57　办公空间表现图作品十

7.5.2　实训要求与训练目的

1. 实训要求

绘制办公空间表现图，表现手法不限。要求处理好色彩冷暖关系，通过颜色面积对比控制画面主色调；调配几组色彩常用颜色搭配，方便以后绘图。

2. 训练目的

培养颜色运用能力。色彩非常抽象，要想掌握好色彩规律并灵活运用到画面上，要从色彩的三要素着手，处理好它们之间的关系，这对以后手绘表达十分重要。

7.5.3　课题实例分析

1. 课题分析

办公空间的功能就是要为工作人员创造一个舒适、方便、卫生、安全、高效的工作环境。办公空间具有不同于普通住宅的特点，它是由办公、会议、走廊三个区域来构成内部空间使用功能的。绘制表现图时要突出功能性，家具以办公桌椅、沙发、书柜、文件柜为主；办公设备有很多，可以随表现空间适当添加，办公空间不同于娱乐场所，画面色彩要大方、稳重，不要过于鲜艳。

2．课题过程

课题任务在 3 天内完成。

第一天：收集素材，可以是照片、画报、手稿等形式。

第二天：组织画面内容，绘制出素描稿，利用透台或透桌转印素描底稿。

第三天：绘制着色表现图。如果用水粉水彩绘制，要求裱纸。课题实例如图 7-58 所示。

图 7-58　办公空间表现图实例

7.5.4　课题外延

办公空间手绘表现图的色彩应用时要注意按使用要求选择配色，要与使用环境的功能要求、气氛、意境相符；要考虑颜色表达与室内构造、样式、风格是否协调；还要考虑照明关系、光源和照明方式带来的色彩变化。如图 7-59 所示。

图 7-59　办公空间水粉表现图

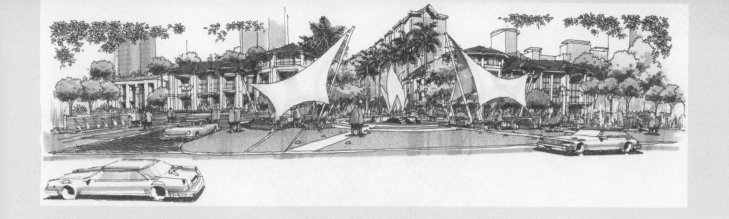

第 *8* 章　室外手绘表现图技法实训

8.1　景观规划手绘表现图技法实训

8.1.1　相关作品实例

1. 作品一

水粉表现图。运用多点透视绘画，近景与远景关系处理得非常好，远处的天空表达十分逼真，画面大气自然。如图 8-1 所示。

图 8-1　景观规划表现图作品一

2. 作品二

水彩表现图。整体效果不错，建筑物刚硬的轮廓与自然景观的结合恰到好处，前景中的植物刻画的再细致一些效果会更好。如图 8-2 所示。

图 8-2　景观规划表现图作品二

3.作品三

马克笔表现图。色彩艳丽、夸张,景观主体与配景搭配和谐,画面人物生动活泼,感染力较强。如图 8-3 所示。

图 8-3　景观规划表现图作品三

4. 作品四

马克笔表现图。与作品三是同一个作者，对颜色把握的非常到位，应用灵活，整个画面给人宁静安逸的感觉。如图 8-4 所示。

图 8-4　景观规划表现图作品四

5. 作品五

马克笔表现图。是马克辛老师的杰作，设计感强烈，技法娴熟，整幅画面和谐又生动，植物的处理手法多样，是一幅非常优秀的作品。如图 8-5 所示。

图 8-5　景观规划表现图作品五

6．作品六

马克笔表现图。用笔放松、大胆、娴熟，植物围绕的景观给人舒适、怡人的感觉，光感强烈，物体之间深浅衬托，对比运用的很好。如图8-6所示。

图8-6　景观规划表现图作品六

7．作品七

马克笔表现图。底稿打的很细，透视准确，配景搭配得当；树木明暗处理恰当，造型上再多些变化效果会更好。如图8-7所示。

图6-3-3-d

图8-7　景观规划表现图作品七

8．作品八

马克笔表现图。通过主体留白的手法与周围环境形成强烈对比，效果很不错；马克笔简单的着色，没有多余笔触，不影响主体的表达。如图 8-8 所示。

图 8-8 景观规划表现图作品八

9．作品九

单色马克笔表现图。主要体现光影关系。如图 8-9 所示。

图 8-9 景观规划表现图作品九

10．作品十

马克笔表现图。画面色彩丰富，又不失统一性。如图 8-10 所示。

图 8-10　景观规划表现图作品十

8.1.2　实训要求与训练目的

1. 实训要求

绘制景观规划表现图，手法不限。要求注意画面构图，配景与主体的关系要协调，画面主体不变的情况下，多加配不同配景，尝试各种效果。

2. 训练目的

培养写生主观取舍能力。大自然中的物体很多，千变万化，在绘画过程中不能一次性全部入画，要有选择性的修改，找到最适合的配景。

8.1.3　课题实例分析

1. 课题分析

景观规划是在较大的范围内，为了某种目的安排最适合的地方和在特定地方安排最适合的利用。在绘制表现图时要充分考虑融合性，不要孤立的处理画面主体，要利用环境突出主体。

2. 课题过程

课题任务在 3 天内完成。

第一天：收集素材，可以是照片、画报、手稿等形式；进行植物的速写练习。

第二天：组织画面内容，绘制出素描稿，利用透台或透桌转印素描底稿。

第三天：绘制着色表现图。如果用水粉水彩绘制，要求裱纸。课题实例如图 8-11 至图 8-13 所示。

图 8-11　景观规划表现图实例一

图 8-12　景观规划表现图实例二

图 8-13　景观规划表现图实例三

8.1.4　课题外延

在绘制大场景的规划时，由于空间和面积巨大，植物相对渺小，远处可以成片表达，近处可以以点的方式一团团绘制。大面积的草坪用平涂方式表达，如果平涂面积过大，可以用笔触进行活跃画面，以避免呆板。如图 8-14 所示。

图 8-14　景观规划马克笔表现图

8.2 楼盘小区手绘表现图技法实训

8.2.1 相关作品实例

1. 作品一

写实水粉表现图。画面细腻，像真实场景照片一样，这幅作品中的建筑物是陪衬，水体两侧的植物景观是主体，光影明暗处理的很好，远处的蓝天白云使画面的层次感丰富，是一幅很优秀的作品。如图 8-15 所示。

图 8-15 楼盘小区表现图作品一

2. 作品二

马克笔表现图。色彩运用丰富、夸张，人物情景处理的生动活泼。如图 8-16 所示。

图 8-16 楼盘小区表现图作品二

3．作品三

马克笔表现图。景观主体刻画细致，建筑物配景以勾线轮廓表达，不失为一个好的处理主次关系方法。如图 8-17 所示。

图 8-17　楼盘小区表现图作品三

4．作品四

马克笔表现图。夏克梁老师绘制的景观表现图，是非常优秀的作品。技法运用娴熟，景观搭配和谐，整体感强，是学习、临摹的优秀范例。如图 8-18 所示。

图 8-18　楼盘小区表现图作品四

5. 作品五

水粉表现图。光影关系处理的很好，树木绘制的形象逼真，天空承托着房屋，有着乡村气息。如图 8-19 所示。

图 8-19　楼盘小区表现图作品五

6. 作品六

马克笔表现图，又一幅夏克梁老师的优秀作品。局部运用了彩铅，整个画面绘制出清新温馨的感觉，十分难得。如图 8-20 所示。

图 8-20　楼盘小区表现图作品六

7. 作品七

马克笔表现图，夏克梁老师优秀作品。画面非常优美。如图 8-21 所示。

图 8-21　楼盘小区表现图作品七

8. 作品八

马克笔表现图，夏克梁老师优秀作品。如图 8-22 所示。

图 8-22　楼盘小区表现图作品八

9．作品九

马克笔表现图。画面较和谐，近景处的草坪再点缀些小草效果会更好。如图 8-23 所示。

图 8-23　楼盘小区表现图作品九

10．作品十

马克笔表现图。水景表达得很生动，植物形态丰富，画面活跃。如图 8-24 所示。

图 8-24　楼盘小区表现图作品十

11. 作品十一

马克笔表现图。场景大气，主体突出，空间感强，远中近景明确。如图 8-25 所示。

图 8-25　楼盘小区表现图作品十一

8.2.2　实训要求与训练目的

1. 实训要求

绘制楼盘小区表现图，手法不限。要求表现图功能明确，与建筑物相融合，公共设施表达要符合环境情况，配景合理安排，突出主体。

2. 训练目的

小区内的环境以人性化为主，绘制的时候要考虑功能的划分表现；配景多是人物、汽车、公共设施、水体、植物等；地面多为草坪、铺砖、碎石子路等。画面的和谐统一并衬托出主体，需要全局的把握。通过练习，可以理清绘画思路，层次分明。如图 8-26 至图 8-28 所示。

图 8-26　楼盘小区表现图实例一

图 8-27　楼盘小区表现图实例二

图 8-28　楼盘小区表现图实例三

8.2.3　课题实例分析

1. 课题分析

小区景观就是为居民经济、合理的创造一个满足日常物质和文化生活需要的舒适方便、卫生、安宁和优美的环境。主要功能除了布置住宅外，还要布置居民日常生活需要的各类公共服务设施、绿地和活动场地、道路广场、市政工程设施等。绘制表现图时，要以建筑物做衬景，表达景观范围；清晰功能作用，配置植物花卉，点缀人物等。

2. 课题情析

课题任务在 3 天内完成。

第一天：收集素材，可以是照片、画报、手稿等形式；到优秀的景观设计楼盘画速写。

第二天：组织画面内容，绘制出素描稿，利用透台或透桌转印素描底稿。

第三天：绘制着色表现图。如果用水粉水彩绘制，要求裱纸。课题实例如图 8-26 至图 8-28 所示。

8.2.4　课题外延

小区景观的设施多种多样，水体就是其中之一，可以与喷泉相搭配，表达的时候与天空相呼应，体现出明朗、阳光和温馨的氛围。植物高矮搭配，各种树冠形状的对比，颜色的协调，都会烘托出小区优雅的环境。如图 8-29 所示。

图 8-29　楼盘小区表现图

8.3　建筑物手绘表现图技法实训

8.3.1　相关作品实例

1. 作品一

水粉表现图。较老的一张作品，用了渐变平涂技法，整张图绘制的中规中矩，侧重表达在下部，建筑入口处。人物比例大小凸显出建筑物的高大，近景的树叶使天空不那么空荡，处理的恰到好处。如图 8-30 所示。

图 8-30　建筑物表现图作品一

2. 作品二

水彩表现图。画面干净利落，建筑物绘制的没有多余用笔。整幅画面色彩和谐，给人爽朗的感觉。如图 8-31 所示。

图 8-31　建筑物表现图作品二

3. 作品三

水彩表现图。装饰味较强的一幅建筑表现图作品，建筑物周边的环境交代的很清楚，画面左侧的树处理的较好，使画面构图均衡。如图 8-32 所示。

图 8-32　建筑物表现图作品三

4. 作品四

钢笔淡彩表现图。人物用白描手法勾出轮廓，不影响建筑物的表达；画面底稿绘制得非常细致，着色简单；大面积的木材质地面，用颜色的变化绘制出丰富感，也体现出光影关系。如图 8-33 所示。

图 8-33　建筑物表现图作品四

5. 作品五

水粉表现图。画面用笔大胆，色调统一，光影关系处理得非常好，尤其是反光较强的玻璃幕墙和抛光麻石地面，处理手法相当娴熟。如图 8-34 所示。

图 8-34　建筑物表现图作品五

6. 作品六

水粉表现图。难得的夜景建筑物表现图，人造光源的表达是画面的亮点之一。该作品是在暖灰色底色纸上绘制的。植物造型生动，在光影下若隐若现。如图 8-35 所示。

图 8-35　建筑物表现图作品六

7. 作品七

马克笔表现图。画面构图很有创意，底稿是满幅构图，四周不着色，使整个画面透气又明亮。沿岸排列着没有着色的树木，陪衬了主体又丰富了画面。如图 8-36 所示。

图 8-36　建筑物表现图作品七

8．作品八

马克笔表现图。技法运用的相当娴熟，光影表达强烈。天空、植物、屋顶、玻璃等多种技法值得我们学习。如图 8-37 所示。

图 8-37   建筑物表现图作品八

8.3.2   实训要求与训练目的

1．实训要求

（1）拍摄一些建筑的照片，通过拍摄的照片体验构图的重要性，掌握构图方法。

（2）找一些国内外建筑的图片资料，临摹图片并加入配景，处理画面的均衡、色彩分布，要突出重点。

2．训练目的

通过练习加强整体画面控制力，构图的合理性，透视的规范性和主次关系的理性处理，有助于画面全局把握。

8.3.3   课题实例分析

1．课题分析

建筑物手绘表现图是以建筑物为主体，周边环境及设施为陪衬的表现图。无论多么复杂多变的建筑物都要有侧重表达的部分，不能面面俱到。建筑物表达要有透视变化，用笔要直，弧度要流畅，谁也不会喜欢七扭八歪的建筑物。配景要注意比例，不要喧宾夺主。

2．课题过程

课题任务在 3 天内完成。

第一天：收集素材，可以是照片、画报、手稿等形式；可以到大街上拍摄一些建筑物，或者画一些建筑物速写。

第二天：组织画面内容，绘制出素描稿，利用透台或透桌转印素描底稿。

第三天：绘制着色表现图。如果用水粉水彩绘制，要求裱纸。课题实例如图 8-38 至图 8-42 所示。

图 8-38　建筑物表现图实例一

图 8-39　建筑物表现图实例二

图 8-40　建筑物表现图实例三

图 8-41　建筑物表现图实例四

图 8-42　建筑物表现图实例五

8.3.4　课题外延

　　建筑物手绘表现图的视角选择要能突出建筑物的特征，画面的空间关系要处理得当，天空、主体与地面之间的关系要明确，高大建筑的透视线、消失点要一致。配景主要起到的作用是对比，是烘托建筑物不可缺少的部分，配景的颜色不要过于丰富，要过目有印象没细节。如图 8-43 所示。

图 8-43　建筑物马克笔表现图

4

手绘表现图赏析

第9章 手绘表现图赏析

9.1 国外优秀手绘表现图赏析

国外手绘表现图主要摘选于《世界建筑画》，有意大利、德国、英国、美国建筑师作品，还有 SAJE 设计事务所、K·P·F 事务所、贝聿铭设计事务所、S·O·M 设计事务所作品。通过欣赏国外优秀的手绘表现图，可以开阔眼界，开发思维，还可以带给我们很多启示。

点评一：建筑手绘表现图是以表现建筑为主要目的，运用绘画的技巧作为表现手段，以建筑占据构图焦点的绘画作品，它不是常见的风景画，也不是普通的山水画，如图9-1至图9-4所示。建筑表现图不是一个画种，而是指作品的内容，正如静物画、人物画的概念一样，任何绘图工具和技巧，只要能很好的表现建筑，就能为建筑表现图的表现方法服务，如图9-5至图9-9所示。

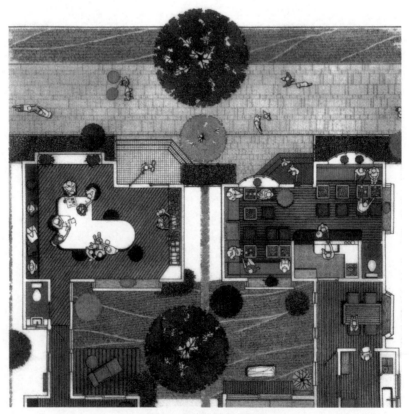

图 9-1 国外优秀表现图一

图 9-2　国外优秀表现图二

图 9-3　国外优秀表现图三

图 9-4　国外优秀表现图四

图 9-5　国外优秀表现图五

图 9-6　国外优秀表现图六

图 9-7　国外优秀表现图七

图 9-8　国外优秀表现图八

图 9-9　国外优秀表现图九

点评二：建筑手绘表现图的视角多样化，只要能突出建筑主体，交代清楚建筑结构与周边环境关系就可以。如图9-10至图9-13所示。手绘表现图也可以用非常写实的手法绘制，绘制出的效果不仅有实用功能还有装饰功能，很多人把手绘表现图挂在墙面当作艺术品，如图9-14和图9-15所示。

图9-10 国外优秀表现图十

图9-11 国外优秀表现图十一

图 9-12　国外优秀表现图十二

图 9-13　国外优秀表现图十三

图 9-14　国外优秀表现图十四

图 9-15　国外优秀表现图十五

　　点评三：建筑的快速表现图有草图性质，绘图时把建筑环境氛围烘托出来即可，最常用的绘图工具是马克笔，如图 9-16 所示。手绘表现图的功能性表达十分重要，无论绘制什么场所，首要表现的就是功能主体，如图 9-17 至图 9-20 所示。

图 9-16　国外优秀表现图十六

图 9-17　国外优秀表现图十七

图 9-18　国外优秀表现图十八

图 9-19　国外优秀表现图十九

图 9-20　国外优秀表现图二十

9.2　国内优秀手绘表现图赏析

　　今年来我国的手绘表现图绘画发展很快，与当前设计领域的发展需要相对应，应用空间更大，表现方法更灵活。表现图采用多种形式和技法，在画法上求同存异，变化发展。

　　点评一：学习手绘表现图要跟上时代，从实用角度出发，掌握最新的手绘工具技法，又要了解传统技法与现代技法的的关联，把握手绘表现图的实质。如图 9-21 所示，运用的是马克笔技法，用笔严谨、规则。

图 9-21　国内优秀表现图一

点评二：我国最早的手绘表现图常用水粉与水彩表达，表现手法以写实为主，有些表现图甚至是设计完成后再绘画的，如图 9-22 至图 9-25 所示。传统的建筑表现图与风景画很像，多为记录性作品，如图 9-26 至图 9-30 所示。

图 9-22　国内优秀表现图二

图 9-23　国内优秀表现图三

图 9-24　国内优秀表现图四

图 9-25　国内优秀表现图五

图 9-26　国内优秀表现图六

图 9-27　国内优秀表现图七

图 9-28　国内优秀表现图八

图 9-29　国内优秀表现图九

图 9-30　国内优秀表现图十

　　点评三：喷笔的出现，使手绘表现图的写实性达到了巅峰。喷笔能绘制出非常细腻的细节，仿真程度有些像照片，如图 9-31 和图 9-32 所示。水粉表现图也充分发挥了厚重的特性，尤其在装饰性较强的设计中，材质表达变化丰富，如图 9-33 所示。

图 9-31　国内优秀表现图十一

图 9-32　国内优秀表现图十二

图 9-33　国内优秀表现图十三

点评四：马克笔表现技法是现在最流行的技法，如图 9-34 和图 9-35 所示。马克笔可以用简单的颜色表现设计内涵，如图 9-36 和图 9-37 所示。马克笔表现图的表现深入程度有限，设计感非常强烈，如图 9-38 和图 9-39 所示。马克笔技法还在不断地探索与深入，它吸收各种绘画技巧，来弥补不足，如图 9-40 和图 9-41 所示。

图 9-34　国内优秀表现图十四

图 9-35　国内优秀表现图十五

图 9-36　国内优秀表现图十六

图 9-37　国内优秀表现图十七

图 9-38　国内优秀表现图十八

图 9-39　国内优秀表现图十九

图 9-40　国内优秀表现图二十

图 9-41　国内优秀表现图二十一

9.3　学生优秀手绘表现图赏析

　　学生最常用的手绘工具就是马克笔，这也是时下最流行的表现技法形式。马克笔最大的好处是使用方便，携带便捷，颜色丰富。马克笔有几百种颜色，不用调配颜料就可以得到希望的色彩。

　　以下的学生作品都是学生的课堂作业，通过临摹、组合到设计的一系列学习过程，最终能够灵活的应用马克笔，熟练的运用马克笔技法。手绘表现图技法的掌握离不开大量的速写、写生练习，这里展示的作品都是在大量的练习基础上的。所以，要想绘制好的表现图，一定要勤奋，随时记录遇到的能引发你兴趣的事物与景物。

　　点评一：马克笔笔头的粗细变化丰富，可以通过用笔的方式不同得到不同的笔触，组成点、线、面结合的构成效果，如图 9-42 所示。马克笔最常用的技法就是平涂与叠加，只要底稿打的丰富，就可以通过简单的平涂与叠加来丰富画面，如图 9-43 和图 9-44 所示。

图 9-42　国内优秀表现图一

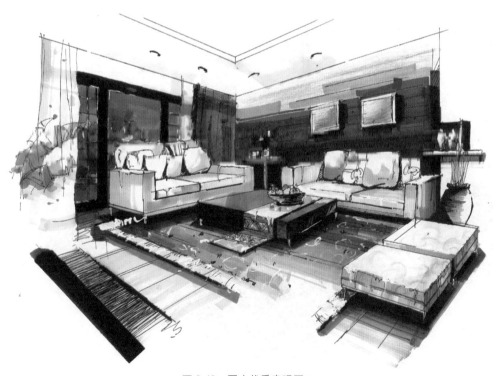

图 9-43　国内优秀表现图二

图 9-44　国内优秀表现图三

　　点评二：马克笔与彩铅结合绘画也是当下非常流行的表现形式，如图 9-45 所示，这幅作品表现形式可以，但颜色用的较杂，失去了色彩统一性，有些遗憾；在马克笔没有完全干的时候运用水溶性彩铅，会有特殊的效果，如图 9-46 所示。

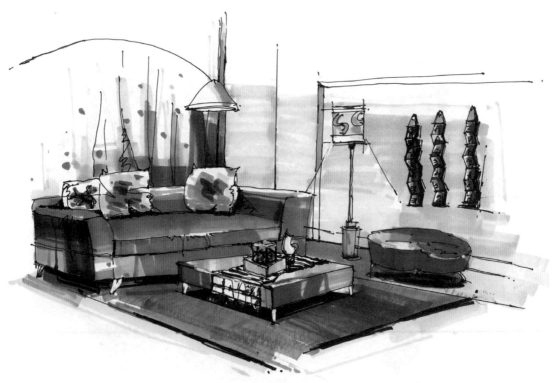

图 9-45　国内优秀表现图四

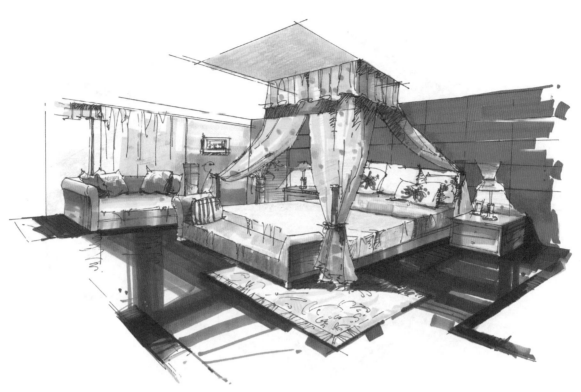

图 9-46　国内优秀表现图五

　　点评三：马克笔表现图的画面讲究留白，画面要注意正图与负图的关系，也就是绘画部分与留白部分的相对关系，如图 9-47 至图 9-49 所示。马克笔表现图画面色彩的统一性可以通过颜色的融合来解决，也就是说，色块之间都融进一些其他色块颜色，以达到画面的整体统一，如图 9-47 中的窗帘，图 9-50 中的玻璃。

图 9-47　国内优秀表现图六

图 9-48　国内优秀表现图七

图 9-49　国内优秀表现图八

图 9-50　国内优秀表现图九

　　点评四：马克笔的景观表现图一定要注意空间关系，近实远虚、近大远小等，如果解决不好就失去了景观表现图的意义。如图 9-51 至图 9-53 所示。

图 9-51　国内优秀表现图十

图 9-52　国内优秀表现图十一

图 9-53　国内优秀表现图十二

参考文献

[1] 张景然，周鑫，王其钧. 世界建筑画分类图典. 北京：中国建筑工业出版社，1992.

[2] 查理德·麦加里，格雷格·马德森. 马克笔的魅力. 上海：上海人民美术出版社，2012.

[3] 夏克梁著. 夏克梁麦克笔建筑表现与探析. 南京：东南大学出版社，2010.

[4] 杰克·里德著. 水彩入门. 上海：上海人民美术出版社，2010.

[5] 符宗荣. 室内设计表现图技法. 北京：中国建筑工业出版社，1996.

[6] 赵慧宁. 建筑绘画. 天津：天津科学技术出版社，2001.

[7] 马克辛. 诠释手绘设计表现. 北京：中国建筑工业出版社，2006.

[8] 韩光煦，上圳. 手绘建筑画. 北京：中国水利水电出版社，2007.

[9] （日）长谷川矩祥. 室内设计色彩技法. 沈阳：辽宁科学技术出版社，2002.

[10] （日）长谷川矩祥. 室内设计构图技法. 沈阳：辽宁科学技术出版社，2002.

[11] （日）长谷川矩祥. 室内设计快速表现技法. 沈阳：辽宁科学技术出版社，2002.

[12] 夏克梁、刘宇、孙明. 写生·设计. 天津：天津大学出版社，2007.